董思飞 著

在复杂时代，我们需要一种全新的对世界和人心的理解。在复杂时代，我们需要一种全新的对世界和人心的理解。在复杂时代，我们需要一种全新的对世界和人心的理解。在复杂时代，我们需要一种全新的对世界和人心的理解。在复杂时代，我们需要一种全新的对世界和人心的理解。在复杂时代，我们需要一种全新的对世界和人心的理解。在复杂时代，我们需要一种全新的对世界和人心的理解。在复杂时代，我们需要一种全新的对世界和人心的理解。在复杂时代，我们需要一种全新的对世界和人心的理解。在复杂时代，我们需要一种全新的对世界和人心的理解。在复杂时代，我们需要一种全新的对世界和人心的理解。在复杂时代，我们需要一种全新的对世界和人心的理解。在复杂时代，我们需要一种全新的对世界和人心的理解。在复杂时代，我们需要一种全新的对世界和人心的理解。在复杂时代，我们需要一种全新的对世界和人心的理解。在复杂时代，我们需要

整体图式

遥远的相似性

人类意识

上海教育出版社
SHANGHAI EDUCATIONAL PUBLISHING HOUSE

献给密涅瓦的大毛鸟

目　录

上　篇　整体图式何为

下　篇　整体图式何用

上 篇
整体图式何为

人类遭遇世界

我唯一的野心就是消解所有出现过的
人类野心。

作为本书的作者，我和我的读者都是被迫选择了从人类的视角观察和理解世界的，因为我们是作为人类而生老病死的，在这一点上我们别无选择。我们的人类伙伴也曾经讲过很多故事，说曾经或未来的某个时刻，我们能重新选择"人类"这个身份，但当那个时刻已过或还没来时，也就是现在，我们所有的认识与理解，都仅仅在表达人类"遭遇"世界以后的看法。

　　我们无法代表其他物种、其他物体，也并不知道这些看法和"真实"之间的关系是什么，以及"真实"到底是什么，这些都提醒我们需要格外小心谨慎，时刻保持警觉，要自知我们叙述的一切都只是人类的某一种看法而已，或者用生动的说法，都是我们讲述的故事。而我要为我的读者讲述的是一个关于整体的故事。

不得不使用语言

不可言说的东西太多了，绕也绕不
开，权且让我们迎面而上！

·整体图式：人类意识遥远的相似性·

到了这个时代，人类想要表达一些理性的洞见，几乎只有唯一的途径——通过语言。近一百年来，人们对语言的认识从根本上出现了一些变化，但没变的东西更多，它们仍然是这个时代的主体。我们还是只能使用语言，哪怕已经嗅到语言这座大厦基石松动而散发出的泥土味。

语言是什么？语言是线索，用来激活整体图式的一个线索，但并不是唯一线索，眼、耳、鼻、舌、身这五感的感官通道都是线索，这些线索都起到激活整体图式的作用。被激活的整体图式就是人类意识本身，除此之外，人类意识再无他物。

所以实现语言的精确性是件困难的事，在我的故事里，我努力地想用"精确"的语言描绘我的想法，我知道这种努力的终点只是我的"精确"感觉而已，但没关系，总有一些相近的整体图式会被这些线索激活。

完成以上两个不像说明的说明后，我就准备开始了——使用语言讲一个和人类历史上任何伟大或渺小的想法并无二致的故事，一个关于整体的故事。

自然世界与意识世界

不要在意识的解释鸿沟处停留太久，
好像这里真的有沟一样。

自然世界是存在的，我们目前拥有的所有解释体系，都无法严格地证实或者证伪这个事。在这里，我姑且说它是存在的。

　　意识是人脑通过自己的功能，将自然世界存在的所有内容录入、储存、加工、整理、激活成一整个整体图式的过程。这些整体图式被处理和激活的过程就是人类意识本身，是人类拥有的唯一"真实"世界。这里的自然世界既包括我们通过眼睛看到、耳朵听到、身体触碰到的一切外在事物，也包括这个过程中我们身体内外部的各类信息，如肢体是什么样子的，腺体分泌和神经递质处于什么水平，等等，可以理解为我们的整个身体与外界互动过程中的全部信息。这些信息以一个个整体图式为单位，形成意识。

　　如果用现代语言中常用的"主观""客观""唯物""唯心"这样的词来类比——虽然这样的类比总让我心惊胆战——可以说，自然世界是客观存在的，人类能体验、感知和认识、加工的世界是主观的，是从第一个整体图式被录入开始并累积起来，由整体图式库构成的。自然世界是唯物的，但我们能感知和加工的世界是借由唯物世界形成的唯心世界。这在现有的意识科学领域里，是个常见的理解角度。

　　说到这里，就不得不面对经典的意识"解释鸿沟"问题，也就是"意识的难问题"。我不在这里停留太久，停留久了好像这里真的有多大的鸿沟一样。我的观点是，意识和物质的关系是宇宙的基础形态，无须细致地分离什么。从整体的角度反过来说也可以：因为意识和脑的这种物质结构和运作机理，使我们对宇宙的理解成为现在这个样子。所以难问题和解释鸿沟必然出现，却不一定需要"被解决"，要知道"被解决"也是一种整体图式而已。它们也许不是真的未被解决，而是原本就不需要如我们想象的那样去解决罢了。

解释鸿沟　在意识现象的研究领域，一直存在一个难以跨越的挑战：即使我们弄明白大脑所有神经回路的放电规则，搞清楚脑区之间各司其职的分工，也依然无法解释它们如何让人们产生意识中的各种体验。仿佛在生理／物理世界的解释和主观体验之间，横亘着一道无法逾越的天堑。

——作者注

什么是整体图式

整体从来不是由部分构成的，整体就是整体本身。

回到我们拥有的唯一真实世界，也就是这个唯心的意识世界，这里只有一个个整体图式。每个整体图式都是一整个的，不可再分，包含其构建过程中的所有信息，是意识的唯一单位。

　　"所有信息"听上去有些随意、不负责任和无法确认边界，事实并非如此。这就像一个孩子第一次看到苹果，在这个场景中，他接收到的全部信息既包括视觉、听觉、触觉、嗅觉的内容，又包括当时的主观感受和身体状态，还包括他意识中已经存在、瞬间被激活的关于颜色、触觉、感受和身体的信息，这些都成为苹果的第一个整体图式的内容。好比在那个瞬间为这个场景拍了张照片，把对这个孩子来说所有内外部出现的信息都拍了进去，这张照片是一个不可分的整体；同时，这个拍照片的过程不断进行着，每张照片就是一个单位，不再分割。之所以使用"整体图式"而非"图像"，原因也显而易见：它显然不仅仅是视觉的，而是全通道的。尤其需要强调的是主观感受和身体信息，这是整体图式理论有别于其他类似意识理论的重要不同，后文会逐步阐明。

　　长期以来，我们都想当然地认为部分构成了整体，整体可以

通过离析部分和寻找部分之间的关系来构建。我们在这个认识上已经花了太多时间，以至于把对意识的认识拖入某个泥潭。"特征/元素通过关系构成整体"仅仅是一个被激活的整体图式而已。意识是如平静湖面上一圈圈涟漪一样相互激发的整体图式，它结构简单，有若有似无的动态边界。虽然看不到局部的清晰界限，但在湖岸驻足过的人都会对涟漪一圈圈荡漾开的场景记忆犹新。我们在离析特征和强行安排特征之间的关系这条路上走了太久，是时候反思了。

特征最令人误解之处是，它们好像可以单独存在，甚至分门别类，其实正好相反，只有整体图式中的特征才有价值，或者说才是真的存在。对人类而言，哪怕是非常具体、独特的事件，如肢体损伤或失去生命，都会因为处于不同的整体图式中而带来不同的影响。例如，将肢体损伤或失去生命分别放在"战争"和"疾病"的整体图式下，差别是如此巨大，身体感受、认知、应对的方式，甚至包括肌体的生理准备状态等，都会不同，这种巨大的不同毫无疑问影响着人的认知和身体状态，更不用说那些仅仅出现在脑中的关于意义的抽象内容。

这不是鼓吹意志决定一切，每个人停下来回忆一下自己的生命经验，就会找到那些因整体图式不同而引起的思维和身体特征的变化。特征是直观又明晰的，但极具迷惑性；越仔细地观察特征，它就越消失得无影无踪。

意识开端

无论后来的生活把人改变成什么样子，每个人曾经的第一个整体图式都几乎相同。

接下来，让我描述一下每个意识主体的第一个整体图式，以进一步说明整体图式的含义。没错，意识主体都有几乎完全一致的第一个整体图式。

从胎儿的某个发育阶段起，大脑就启动和录入了每一个意识主体的第一个整体图式。在此之前，这个意识主体是不存在的。第一个整体图式的录入成为意识的开端，往后的所有整体图式都将以此为基础，开始录入、储存、加工、整理和激活的循环往复的过程。每个意识主体的第一个整体图式的起因都相同，事实上，所有来自外部的整体图式录入的原因皆来自意识所在的身体与外部环境的互动——每个刹那意识从客观世界接收到的东西。所谓"整体"，是指它包含这个刹那意识主体经历的所有信息、感受和体验。整体图式是完整而统一地被录入、加工和激活的，它始终都是不可分的整体，它是"一整个"的。

人类意识中的整体图式有非常多的共性，原因很简单——人类的身体与环境的互动有诸多共性。比如，人类意识中的第一个整体图式是几乎相同的，因为在每个人类意识诞生的第一时刻，意识和身体遭遇到的情况非常相近，稍有不同的是，每个大脑的物质差异会给"录入"带来一些微小差异。这样，全人类的意识开端，即第一个整体图式就理应几乎相同，那就是从无到有。

这是非常重要的第一个整体图式。每个人类的第一个整体图式其实构成全部人类的第一个整体图式，它一直影响着整个人类的意识世界。回顾那些由人类创造出的言论或理论就会发现，第一个整体图式常常参与解释事物最原初、最根本的肇始：从"太初有道"到宇宙大爆炸理论等，都受第一个整体图式的影响。人类自己的意识肇始是这个突然的"从无到有"，就总是很顺手地用它来解释很多个肇始时刻，很少有人会去想，为什么用起来这么顺手？这种自然而然的使用背后有什么未被察觉的重要信息？

再进一步说明，这个全人类共享的第一个整体图式——从无到有，当中包含诸如突然间（而非缓慢）、高能量聚积、突变、同时出现多个新事物（整体图式开始录入时的丰富性）、拒绝推导其他推动因素等信息，虽然意识主体远远不能用上述语言和文字去描述这些内容，但具有这些意味的信息已包含在第一个整体图式中。再反观人类创造理论的那些时刻，大多包含此类意味。

从第一个整体图式开始，每个意识主体开启永无止境的整体图式的录入、加工和激活的旅程，不同的整体图式之间相互影响、相互作用，形成新的整体图式；意识（包括身体）与环境的互动在已有整体图式库的参与下，录入、加工和激活新的整体图式，不眠不休，直到意识主体随着大脑的消亡而结束。

作为本书的作者，我没有任何信心去接受，当大脑的物质基础消亡后，意识的整体图式库，也就是意识本身，还会独立存在下去。至于数字技术领域一直鼓吹的脑机接口、意识备份、云端永生之类解决方案，我不置可否。不置可否的原因是，一方面，计算机从发明之日起所擅长的计算方式就是加工特征，而非整体，以至于计算机一直都更擅长处理有明确界限和封闭范围的问题，而整体图式很明显与之背道而驰，现有的计算机范式是不适合转译以整体图式方式存在的意识内容的，这不是算力提高、速度升级可以弥合的鸿沟，所以并非"只是时间问题"；另一方面，太多的例子告诉我们，计算机的世界不一定需要理解和复制人脑的机制，也可以达到看上去相同或类似的结果。既然人脑和计算机可以在两厢不解释的情况下向人类展现"殊途同归"的整体图式效果，那还有什么事可以完全说不呢？我只能说，可以复制或优越于人类的计算机范式目前尚未出现，未来不知道会不会出现。

再说语言

让你慌乱、迷醉的不仅是这纷繁、复杂的世界，更是语言本身。

当你读到以上这些文字时，你的意识中自然会有一个个整体图式被连续激活，可能是阅读晦涩的文章的画面和体验，也可能是听人吹牛的画面和体验，还可能有发现新大陆的新奇感，或者昏昏欲睡的疲惫感……总之，被激活的肯定是一个个整体图式，这些就是以上文字带来的读者心中的"理解"。这些"理解"和我在书写这些文字的时候，我的意识中激活的整体图式有些是吻合的，但显而易见大部分是不吻合的。我在试图用语言描述我被激活的整体图式，但语言的结构是离析的——语词在试图指向特征，而我试图用语词指向的特征构建出整体。

特征是无法离析的（直观上好像很容易，正是因为这种直观，才让人们形成要去离析特征和构建整体的想法，这个想法也是个整体图式），究其本质，通过语言无论如何都不能真正构建出意识涵盖和想表达的全部内容，这是人类文明的现状。我们发明了语言，本来是一种代指，代指了自然世界与意识世界之间的某些内容，但当语言越发发达后，却成了一种蒙蔽，以至于我们试图通过语言——这种跟人类意识并不同构的工具来解决意识的问题时，会遇到各种各样的行不通。话已至此，可以向我钟爱的哲学家维特根斯坦再一次致敬了：对无法言说之物，应保持沉默。希望每一个使用语言的人，都知道时时刻刻可能需要停下来，带着这样的准备继续说下去。

在这个话题上，象形（表意）文字和表音文字的天然差异倒是值得留意。这两种文字的造字理念出发点的不同，决定了它们各自的困难之处和功用也不同。从表面上看，作为工具，表音文字精确的含义和特征指向一直都被由特征构建的世界称道，而这称道背后是一群走向不归路的同行者。相反，被由特征构建的世界鄙夷的"不够精确"的象形文字，才更接近意识世界真实的展现。人类沾沾自喜地找到了一种精确的方式去描摹世界，渐渐地，又开始暴躁地要求被描摹的世界向精确的语言靠拢……还好我在用中文写作，虽然现在的中文已经和最初的象形文字没太大关联了，但我相信，这个关联的整体图式只要存在过，就一定还发挥着作用。

语言在被使用的瞬间，好比在持续流动激活的整体图式库中突然选择聚焦于某个整体图式，并由此开启一个意识主体能够意识到的、连续的整体图式激活过程。语言作为线索的作用，除了语词与现实之间最简单的相互指认所激活的内容外，不容忽视的还有语言结构的功能，这二者参与完成在连绵不断的整体图式库中聚焦于某个整体图式的过程。举个例子，让学术界五味杂陈的

"李约瑟难题"——中国古代对人类科技发展作出很多重要贡献，为什么科学和工业革命却没有在近代的中国发生？这一问题甫一提出，人们就展开对答案的探索，这个关于探索的整体图式是因为"疑问句"这个语言结构自然而然地被激活的。在这里，我们可以尝试把语言的结构和内容分开，"为什么"（疑问句无疑可以看作语言的内容，但此处我将其归为一种语言结构）会激活关于探索答案的整体图式，在意识中这是个自然生发的过程，因为最初这类整体图式就是这么自然地录入的。于是，一个疑问句的结构让听众开始思索答案，这是一个典型的整体图式被激活的示例。

从以上例子可以看到，在语言的领域里，相比答案，问题本身更重要，它作为第一手的黑子落定，决定了接下来交流（缠斗）的区域和走向。这个"第一手"里包含很多提问者的前提假设，也就是提问者提问时激活的整体图式。有时候这些整体图示包含提问者明确激活的主观意图，而更多时候它们作为提问者的意识主体，并没有明确地聚焦于这些同时在场的整体图式，没有被注意到的这些内容也跟随问题本身一起传达给听者，可能是"说者无心，听者有意"，也可能是"说者和听者都有意"。在这个过程中，双方被激活的整体图式是不尽相同的，主要与双方各自原始的整体图式库有关。这些整体图式是否可以一致（达成相互理解）？有多少可以一致（共享内容），又有多少只能不一致（不可避免地误读）？我们都会在后续内容中试着聊一聊。

整体图式理解意识

不眠不休与先来后到

在意识世界里，来得早比来得巧重要多了，那些早来的一直都要摆布那些晚到的，从未收手。

从第一个整体图式开始，意识便开始不眠不休地激活和加工整体图式的过程。有时候意识主体本身可以知觉到——这时我们是清醒的；有时候意识主体知觉不到——如梦境和潜意识，但这一过程从未停止过。更重要的是，这些加工和激活的过程在一定程度上是遵循"先来后到"原则的：意识中已经存在的整体图式会参与之后的整体图式的录入、加工和激活的过程。除了之前说的第一个整体图式——"从无到有"以外，胎儿在降生并用肺呼吸之前，已经通过身体完成诸如运动、静止、连续、断裂、温暖、寒冷、沉、浮、稳定等整体图式的录入、加工和激活的过程，这当中当然包含胎儿的主观感受和身体状态，虽然这个时候与感受有关的信息只有"好的"和"不好的"两个极向，这些内容一同形成一个个整体图式。

　　胎儿和婴儿要在出生多年之后才能用语言去标记和描绘这些整体图式，但他们确实早早地就开始为自己的意识累积重要基础了。语言不是必需的，从来都不是；不需要语言的参与，这些原初整体图式的加工过程同样顺畅。这再次说明，语言作为表征或线索的作用，是在后来才发挥作用的，在这之前，意识中有很多重要信息都已存在；语言的重要性不仅在于表征和标记，还在于它能激活意识中已有的整体图式。这种激活是无差别的，语言作为线索的激活和身临其境的激活在一定程度上具有共性，这才是语言的重要之处。

引申开去，这也是阅读的重要之处。阅读的过程就是以语言为线索，在意识中激活、加工和构建多种多样的整体图式，而大部分构建出的整体图式都大大超越了阅读者的亲身体验，极大地丰富了意识主体的整体图式库。究其本质，这与亲身经历的互动产生的效果是一样的，都在增加和改变整体图式库的内容。但不同之处也显而易见：一个是坐在桌边完成的，一个是在现场完成的。这些真实的不同同样会被录入整体图式中。阅读拓展认知深度的作用人尽皆知，这个拓展的过程到底发生了什么？也许答案就在上述过程中。

在意识形成初期，原初整体图式至关重要，因为它们是第一批参与其他整体图式加工的珍贵材料，其质量带来的影响将一直持续下去。这个过程在妊娠期就已开始，出生后，婴儿更丰富的眼、耳、鼻、舌、身等五感通道开始大量增加身体和意识与外界互动的可能性，意识世界中也就源源不断地发生整体图式的变化。与胎儿不同，婴儿有更丰富的可加工内容，除了常见的"实感"的五感信息以外，这时的他们已经开始建立诸如"控

制""边界""失去""获得""遇到其他意识主体"等整体图式，同样，这些整体图式将持续参与未来与之相关的其他整体图式的形成和激活的过程。

如此看来，胎教的作用、童年经历的影响，都是毋庸置疑的，它们通过整体图式的"先来后到"原则起作用。从这个角度看，心理治疗中不断强调童年经历的重要性并不过分，只不过不像鼓吹者说得那么神秘而已。

越是在生命早期录入和参与加工的整体图式，越是与生命对自然世界的最初互动相关。简言之，最初的整体图式更多地受我们生活的自然世界的特征的影响，如空气、重力、阳光、行星周期等，因而会具有更多的共通性。如果这些自然特征不发生重大变化，这些整体图式就不会大规模地颠覆和更新，就好像在当前的地球上，没有任何一个正常人会在面对一个顶点朝下直立着的圆锥时，能体会到稳定感。请时刻记得，我们首先是被 9.8 米 / 秒 ^{2} 的重力加速度定义的物种，在这个数值面前，我们是平等的，也是注定能够相互理解的。意识主体之间的同构是存在的，这是我们作为人类可以互相理解的基础和前提，这些基础和前提就来自以重力加速度为代表的物理环境。等整体图式库不断丰富，加入喜怒哀乐和文化习俗之后，人类的悲喜还是否相通？从整体出发，我宁愿相信我们依然相通。

再补充一点，关于梦境、潜意识和无意识，这些随着弗洛伊德及其代表的精神分析学派兴起的概念，俨然是意识研究领域的"网红"。和其他抽象概念一样，我们并不知道这些概念所指的东西到底在哪里，我们只是借由它们激活的整体图式来理解意识的一些现象。当然，我们也可以尝试反过来用整体图式的理论去重新理解这些概念。

在一般的意识状态下，连续不断地激活、录入、加工一个个整体图式，它们之间的连续性就构成了意识本身，所以意识主体可以"知觉"到它们之间的合理性或含义感（这种对合理性和含义感的知觉，也是通过主动激活一系列整体图式，穿针引线来完成的）；而在梦境中，这些持续活动的整体图式之间的连续性，缺少一个主动激活知觉和赋予含义的整体图式来穿针引线。可以说，清醒和梦境的区别，仅仅在于意识主体是否主动地将整体图式激活成具有含义的连续体。无论是否被意识主体认为有含义，整体图式都在不眠不休地工作着，所以梦境的合理性和含义感一般会表现得比较奇特，但并非完全不可理解。再如，一个人会梦见某个事物或某个地方，是他从不曾见识过、经历过的，但他不会梦见任何完全不包含他熟悉的整体图式（用"特征"来举例更合适）的事物；再离奇的梦，都是用熟悉的人和事再造出来的。

介于清醒和梦境之间的白日梦更能说明这个问题。白日梦可以看成意识主体积极、主动开展的无含义感（其实还是有含义的）整体图式激活的过程，白日梦的情节往往比现实离奇，但比梦境正常。至于潜意识和无意识，是因为（狭义的）意识主体会损失更多有关连续性的信息，以至于连这些整体图式的加工过程都未被意识主体捕捉到，但整体图式的构建和激活过程同样从未停止过，无论意识主体有没有（狭义地）捕捉到它们的发生（这个捕捉的过程有点像一盏探照灯扫过布满涟漪的湖面）。

说到这里，有个有趣之处：我一直强调人的意识就是整体图式不停激活的过程，此外无物，敏锐的读者是否发现——"湖面"和"探照灯"的比喻，又该做何解释呢？如果漂荡着涟漪的湖面是意识本身，那探照灯又是什么？它从何而来呢？或者使用一个来自认知科学的术语——"元认知"，即对认知的认知（以及对认知的不知），是一种怎样的意识现象？可以说，这束灯光是一个学习来的整体图式——反思，也就是激活了"通过赋予含义来保持图式的连续性"这个整体图式。元认知或反思，不是意识主体与生俱来的产物，是需要学习和练习的，有些人可能一生都没体会过这个整体图式起作用的过程。

心理学里经典的精神分析理论可以看作试图通过梦境、潜意识和无意识等不同意识状态下对整体图式库的分析，尽量完整地揭示一个意识主体的整体图式库，尤其是要找到那些正在产生不良影响的整体图式，让探照灯照亮它们，促使意识主体给予这些整体图式合理的含义，并使其具有连续性。

多说一句，力比多和自我、本我、超我的人格结构等弗洛伊德的经典理论，都明显展示着那个时代的时代精神（时代的共享整体图式）在他脑中产生的激活效果。在经典物理学和工业革命大行其道的19世纪末，作为社会历史整体的组成部分，弗洛伊德当然会极其自然地使用这些与力和结构有关的概念来阐释他对人心的理解。不用这个又能用什么呢？一个历史时期的整个社会，毫无疑问是一个整体。

激活与相互作用

相互影响的事物最终会朝着哪个方向
发展呢？在回答这个问题之前，需要
仔细思考：什么叫"方向"？

说到整体图式的工作原理，让我们通过例子了解一下：来看看古典音乐是如何在胎教中发挥作用的。

　　音乐，被认为可以超越文化和国界，其表达作用具有共同性；古典音乐旋律流畅、结构严谨，又有灵动的节奏和恰到好处的情绪表达，经常被人们用来胎教。这是谁的发明、谁的倡导暂且不论，依我看这事很有道理。如前文提及，成熟的胎儿已经在其意识中录入过诸如连续、停顿、温暖、平稳等基本整体图式，而胎教过程通过旋律，继续向刚形成的意识主体传达流畅、连续、舒适、节奏、结构完整等信息，这些整体图式都包含主观体验中"好的"感受，在一个意识主体形成的最早期，这些包含"好的"情绪体验的整体图式被录入和储存得越多，就会越参与后来的整体图式加工过程，也一定程度上带来更多"好的"整体图式。至于准妈妈在音乐中体验到的美好感受，当然会通过身心状态传递给腹中胎儿——她们是直观又美好的整体。

　　在意识的最初，"好的"没有太复杂的原因，仅仅来自对我们所居住的地球的环境的感受，人体对温度、重力、运动、稳定等最自然的感受定义了最初的"好"与"坏"两个极向。接下来，这些包含着"好"与"坏"的整体图式将以激活的方式，参与后来的整体图式的录入和加工。简言之，激活的过程就是有相同的部分即启动，红色会激活红色，温暖的感受会激活温暖的感受，连续的过程会激活相通的连续的过程……例如，在胎儿最初形成的关于"流畅"和"温暖"的整体图式中，必然包含着"好的"情绪体验，当一段古典音乐带着关于"流畅"的整体图式被录入时，就会将胎儿意识中已有的带着"流畅"这个内容的整体图式激活。因为整体图式的不可分，被激活的一定是一整个整体图式，"好的"体验就将一同被激活，此时，意识主体从这段古典音乐中体会到"好的"情绪体验，同时记录了一个来自听觉的"好的"整体图式。上面这段描述略显复杂，替胎儿做个总结发言吧：来到地球上后，流畅的感受会让我觉得愉快，一段音乐因为旋律和节奏的流畅让我再次体验到这种愉快。

整体图式激活的过程就这样持续进行着，一个整体图式中所含的元素，会激活也包含相同元素的其他整体图式。这些整体图式中既有意识的整体图式库中已经存在的，也有在身体与环境的互动中新出现或新录入的。需要强调的是，整体图式相互激活的过程虽然是通过所含元素有相同的部分即启动的方式完成的，但这绝不代表整体图式可以被离析成各个元素。整体图式是不可分的，激活也是一整个地发生着。

回到我们的例子，音乐或者具体到古典音乐所具有的胎教作用，正是通过密集地向胎儿提供能够激活大量"好的"情绪体验的整体图式的方式，为意识主体在生命早期储备优质的材料，为后来的整体图式加工过程提供充分的养料。胎儿早期的整体图式库十分有限，不可能处理、加工更复杂的信息。不过，声音虽是重要的通道，但比声音更重要的是母亲整体的身心状态。照顾好所有母亲，是照顾好一个意识主体的最重要的第一步。

如果错过了胎教这种"早期资源"，再去听古典音乐还有没有用呢？当然有用，古典音乐传达的流畅、节奏与舒适，什么时候听都会影响自身的整体图式。不过，请别忘了，成年人在听古典音乐的时候，意识中已有的整体图式会参与进来，比如可能会激活"听不懂""附庸风雅""从来没听过"之类的更"高层次"的整体图式，它们可以通过语言去描述，具有更多含义，这样一段音乐带来的效果与胎教的效果就大为不同了。毕竟，胎儿最初的整体图式库空荡荡的，只懂好坏。从这个角度来说，狭义的文明成就了人类，也压迫了人类。人们经常会呼唤赤子之心，赤子之心到底是什么心呢？应该是单纯地体验感受之心。

再补充一句，古典音乐被创作出来的时候，一定激活了艺术家生命体验中的一些整体图式。不只古典音乐，所有音乐乃至所有艺术创作，都可以看成艺术家在通过艺术创作展现着自己的个人意识，也就是他们整体图式库中的内容，而这些内容又因人类的整体图式具有同构性而可以被欣赏者捕获。艺术创作和欣赏本身就是一种沟通的媒介，可以一定程度地超越语言和文化，实现共鸣。这种共鸣是整体图式层面的，因为我们都来自同一个地球，通常都经历父母的孕育和抚养。

艺术对人有熏陶作用，道理也一样。艺术带来的包含着"好的"体验的整体图式不断增加，这为意识主体带来源源不断的养分，这种熏陶和滋养也许不会表现为多会一门外语，或者多解一道数学题之类的技能的增加，但会让人在相同的颜色或图案面前，有更多的愉悦感。审美是一种打磨感受力的过程，没有对与不对，只有"好"与"不好"；也不要非常绝对地说审美都是私人的，人类身为婴儿时，那些"好的"的体验是个体审美的共同起源。

除了听觉，其他五感通道上的信息也一样，良好的环境、外在世界的有序等为意识带来的影响都是通过整体图式的激活完成的，这也是整理、断舍离、仪式感，乃至宗教观想等外在行动能够改变心理体验的原因之一。请记住，一切都是整体，从来不曾割裂或缺席，只是有时候我们仅仅关注到某个方面而已。

我一直认为，持续地观察鱼的游动，视觉上激活的整体图式可以将"流畅""连续""自由"等内容加入意识主体对整体图式的加工中，意识主体当下的体验会有一定程度的改善，这与听古典音乐的道理是一致的。多买点热带鱼来观察吧，它们还拥有那么多丰富、靓丽的流动色彩。

那么，我们的大脑有没有可能控制激活什么，不激活什么呢？对不起，意识的本质就是不停地激活和加工的一个个整体图式，此外再无他物，并不存在"控制"这个功能按钮。我们说的"控制"也只是一个整体图式而已，而且在这个包含着"控制"元素的整体图式被激活的时候，第一时间连带被激活的内容一定也有"失控"，因为在我们的身体与自然互动并创造整体图式的过程中，"控制"和"失控"同时存在于一个场景下，由这个场景形成的整体图式必将包含这两类内容，自然而然地不可分割。没有失控也就没有控制，反之亦然。就好比当一个球向你抛来，你伸手去接的时候，"接住"和"接不住"的内容会被同时激活。

每一个来自身体与自然的互动体验的整体图式都宛如一枚硬币，当我们与这枚硬币互动时，A面和B面都会进入整体图式。是关于"正"和"反"的整体图式让我们觉得A面和B面如此不同，但请不要忘了，A面和B面在这枚硬币中是离得最近、最密不可分的。由此引申，如果关于自信的整体图式被激活，关于自卑的内容一定同时在场。这个现象倒是暗合了中国古代哲思中的"相反相生"。

虽然在意识中整体图式是有先来后到的，但这并非不可撼动。没有哪一个整体图式能重要到会一直影响某个意识主体一辈子，整体图式总是互相影响和变换着。这要达到什么目的呢？其实不需要达到什么目的，或者说，看上去这些相互的影响是有方向的，但所谓"方向"只是另外一些整体图式。例如，人们听到一个新观点，跟原来的认知很不同，意识主体就会努力搜寻关联，弥合这个新观点和原来的认知之间的差异（或者干脆将其定性为"无稽之谈"），成功的弥合和断然的否定，都会让认知连贯、流畅，但这不是一个具体的努力方向，因为在意识中，清醒的认识过程会激活含义层面上的"连贯""流畅"这类整体图式（否则就是胡言乱语、歇斯底里了），这个时候是这类整体图式参与了新观点的加工过程。

新的整体图式和旧的整体图式用这种方式相互作用和相互影响，其实是无所谓将"坏的"改造成"好的"，或者将"好的"改造成"坏的"。如果说有好坏，那也只能推究到胎儿最初体验到的"好"与"坏"而已。整体图式之间的相互作用并不以任何标准为方向，仅仅是融合了参与进来的整体图式的内容。在这里要强调的是，我一直使用"整体图式"这个词，没有特别强调感受，也就是情绪本身如何参与整体图式的相互作用，是因为整体图式中就包含着情绪和感受，这也是为什么我们在意识中时时刻刻都体验着情绪带来的影响，因为意识的本质——每一个整体图式中，情绪体验从未缺席。不太严谨地说，意识甚至就是体验。

再举个常见的例子。在关于人的认识中，"感性"和"理性"是使用最广泛的词组之一，也是被误解和误用最多的词组之一。

作为一个高频的语言线索，使用得多就是频繁共同激活和加工其他整体图式，其作为线索能激活的内容也会越来越多。所以，严格来说，并不存在误解和误用。它们作为语言线索能激活的整体图式越多，就会承载越多的激活内容，不同内容之间互相被认为是误解和误用的情况也因而越来越多，所谓"用滥了"和"用烂了"，其实就是太常用了。太常用的往往最难"对齐"含义，也最难发现原来含义没"对齐"。

回过头再来说说"感性"和"理性"这两个词。这两个词汇及其激活的整体图式，让我们觉得在意识中好像存在两条线：一条是理性的、逻辑的，将证据组织起来指向某些结论；一条是感性的，时不时参与一下，不那么可控和可见，有时候完全缺席，有时候又歇斯底里地控制一切。在我看来，意识中的所有整体图式都是理性和感性的结合。更准确地说，应该不存在什么理性与感性的差别，每个整体图式包含的内容都会参与与其他整体图式的互动，比如逻辑推理过程，它是意识主体从小到大储存过的关于"逻辑"的整体图式参与了信息加工过程。一个人可以没学过形式逻辑的课程，但他会将更为自然的"关系""因果""分类"等内容作为原初的整体图式而录入，这些同样参与互动。

请别忘了，我们以为理性思考的过程是没有情感和情绪的参与的，其实正好相反，这些跟"逻辑""因果"等有关的整体图式在形成过程中，一定伴随着稳定、确定、可重复等体验，恰恰是因为这些体验，当我们激活"理性"的整体图式时，才会觉得正在干一件貌似很可靠的事。理性本身包含的那些感性的体验，才让理性成为我们知觉到的理性的含义。感性相对来讲更容易解释：究其根本，是一套整体图式被激活了。

因果律　因果关系是日常生活中的常见现象，它指一件事物必然引起另一件事物的过程和结果。给水加热，水会烧开；疲劳的身体经过休息会恢复精力……看似简单的因果决定过程，其实隐藏着很多不确定。在时空穿梭的主题中，幻想家和思想家都需要小心处理爷爷和孙子互为因果的吊诡现象。因果关系是复杂的，必须在一定前提下才奏效。

——作者注

和谐大于真实

我们欣赏的一切，首先是因为它们符合我们的预期。

有趣的是，整体图式之间的相互作用，很可能与所谓"真实"的自然世界渐行渐远，也就是意识主体自己臆测出自然界根本不存在的东西。因为这是整体图式相互作用的结果，我们会觉得毫无违和感，哪怕从没见过，从没听过，仅仅是源于整体图式之间的一种和谐。

　　且不说几何学发明的诸如平行线、等边三角形之类的超越自然可见物的概念，也不说柏拉图的完美理念的体系，我们另外举个更有趣的例子。中国古代曾经流行过一个画马的故事，大致是说，在宋徽宗倡导精确地观察是绘画的基础之前，在骏马疾驰的图画中，马的四只蹄是前两只一同向前伸展，后两只一同向后伸展的，就是将四只蹄分为两组，像人的两条腿一样去前后运动。而实际上，马在奔跑中是绝对不会出现这种姿势的。虽然古代绘画不那么要求写实，但我们依旧可以发问：画家为什么会自然地创作出他们从来没看到过的画面？是想象中（意识中）的什么内容在发挥作用？

　　在我看来，关于两腿前后运动、四个元素在运动中的协同、人腿的运用方式等的一系列整体图式，都参与了画家激活和创造"骏马疾驰"这个整体图式的过程；是整体图式之间的激活与和谐一致，使画家自然而然地描绘根本没看到过的画面时，一点都不觉得有哪里不对。直到我们再次通过五感接受真实世界的不同信息，随之录入新的整体图式，才有了新发现。

可以说，我们认识的自然，必须是匹配我们头脑的自然，而后者（是否符合我们意识中的整体图式）甚至更重要。当没有足够信息或者没来得及加工足够信息时，我们就会用已有的整体图式去补足，让整体图式之间永远和谐。并不真实存在过的画面，在人的意识中一样可以感觉清晰而笃定。人们的很多原初整体图式具有同构性，这也让看画人觉得，这些莫须有的创作毫无违和感。

再看一个有趣的例子。宋人陈容擅长画龙，尤其擅长画老龙。"龙"这种人所未见的想象中的动物，何以就老了呢？画家将人类老态中的须发皆白、苍劲、矍铄融入龙的形象中，产生想象中整体图式的融合，创作出和谐的画面，让每一个对"苍老"有所体会的观众都会心一笑。

留白，是整体图式间获得和谐的舞台。在中国传统艺术创作中，有一个常见的手法叫"留白"。在我看来，留白是在激活大量整体图式后，刻意给意识主体一个空当，让其自行整合之前的内容，调动自己的整体图式库，让一切进一步和谐、统一起来。

在这个阶段，意识主体将产生最和谐、愉快的体验，因为他主动调用了整体图式库中的内容，让新信息被更完整地加工。在艺术作品提供的留白时间和留白空间内，整体图式被体验者本人以符合自身特点的方式再加工和再创作，这恰恰是中国画意境的由来，是"余音绕梁"的含义。此时我们的意识还在积极、主动地激活和加工着艺术作品带来的美好的整体图式，使其愈加丰富，经久不绝。

创造与线索

创造的过程是无限的，可以充满整个生活；创造的过程是有限的，谁也跳不出自己的生活。

概括地讲，激活的过程遵循的原则是，有相同的部分即启动。启动一整个、一整个地发生在整体图式之间，可能发生在意识中已有的整体图式库内——这也就是我们通常说的创造思维，即将原本不是亲眼所见、亲耳所闻、亲身所感的事在意识中"发明"出来。就好比远古人从"以手掬水"和"软泥可塑"中获得整体图式，通过这种激活和相互作用，完成对"碗"这种器具的发明——先在意识中发明新的整体图式，再据此将其制作出来。在整体图式库内，这样的创造同样无休无止地发生着，整个整体图式库都在参与这个过程。还记得那个关于设计师的文案吗？——设计师画的每一条线里，都包含着他走过的路，读过的书，爱过的人。设计师的人生经历组成自己的整体图式库，才可以源源不断地产出独特、崭新的整体图式和作品。

至于整体图式库与外部环境互动时的那些激活和加工，道理也是类似的，只是多了一个新整体图式的录入过程。不难看出，这些激活和加工的过程既可以是自知的、伴随着反思的（还记得被探照灯照亮的湖面吧？）——通过具身或者以语言为线索主动发生，也可以是不自知的，如梦境和潜意识中发生的一切。

语言和语词是一种比较特殊的激活方式，比如前文提到的苹果的例子。常见文明中的绝大多数个体，都会因为"苹果"这个语词产生大致相同的整体图式激活（可能包括手机、水果、红色、牛顿、树、掉下来等等），这是个必然发生的过程，这表征着意识主体的意识的存在。

除了语词以外，整体图式的激活是无处不在的，任何一个五感的刺激，对意识来讲，如同语词一样，都同样地激活了与之相关的整体图式。一个重要的差异是，这些激活的整体图式无论有无被清醒的状态"照亮"（伴随着"知觉"与"反思"的整体图式），它们都是存在的。这里我一直说的意识是包含清醒、无意识、潜意识和梦境等在内的全部的大脑活动。那些被记录、存储和不停地形成、激活的整体图式，充满了无意识、潜意识和梦境，而它们和清醒时候的"有意识"一样，有相同的本质——不眠不休的整体图式活动。

潜意识　心理学术语，来自精神分析理论流派，原意指已经发生却没有被察觉到的心理活动。

——作者注

共享

每一个受虐者都会超越表面的痛苦，
享受由施虐者的强大带来的愉悦。

人类早期的生命体验决定了所有人最初的整体图式的内容非常相似，越是退回到生命早期录入的内容，就越是具有超越文化与教育的共通性。

某种意义上，集体无意识可以看作以此为原材料形成的"精加工产品"。一方面，不仅仅是集体无意识，在不同的意识主体之间，也时时刻刻在共同创造整体图式。这个过程有点像到了派对现场的人，被气氛感染而一同加入，帮助继续推高气氛。这也像人们常说的入乡随俗，重要的是并不需要明确地被教导或者被告知，意识主体就可以通过自己整体图式库中的信息，快速确认自己在某一个环境中的角色，立刻开唱自己该唱的戏，让整个氛围变得符合在场人的预期，当然也符合意识主体自己的预期。另一方面，被创造出来的整体图式会被在场的人共享，无论你是派对中打鼓的还是领舞的，或者是临时进来擦地板的，当下的氛围和整体图式都将被在场的人共享——这就是场域的影响与力量。

人们有时候为了配合场域的需要，会不介意自己具体的身份或者任务，这种表面的牺牲其实是为了成全整个整体图式的和谐与完整，而这种和谐和完整带来的愉快感受会是一种更重要的回馈。我们并不在乎自己的戏文或台词，重要的是这一整场戏是不是在氛围上"燃到爆"。说到这里，关于施虐与受虐，关于权力与臣服的关系，都可以开辟一个全新的认识路径。

再展开说说整体图式在人群中的共同创造和共同拥有。读者在阅读文学作品的时候，完全不是因为某些看上去一致的特征而代入某个角色这么简单，阅读本身就在体验由文字点亮或激活的全部整体图式，读者享受的是整体。女性看霸道总裁文，绝不是单纯将自己代入那个获得万千宠爱的玛丽苏女主，甚至也不是诡异的"代偿获得男性视角的观看快感"，而是享受霸道总裁文点亮的全部整体图式，它们也许是关于保护、力量、安全、忠诚、拯救、资源和幸福的，这些内容可不是单纯臆想自己成为女主这么简单，每一个兴风作浪的女配都是不可或缺的重要道具。

在时下流行的另一种亚文化审美潮流——"双男主"剧中，这一切就表现得更明显了。如果说霸道总裁文点亮的整体图式里还包含着对女性特征的判断和标准的衡量（这些玛丽苏人设有时候会引起女性读者的鄙夷，因为这似乎与"我们女性"有关），而这些判断和衡量又会点亮女性读者与自身评价有关的带着不良情绪体验的整体图式，"双男主"的故事线就太友好了，所有的美好都与"我"无关，这反而让女性读者获得更安全的阅读体验——不会在其间隐约地感知到对女性的苛刻要求。单一的性别特征点亮了"屏障"或者"不相干"这种有保护特征的整体图式——这是男人间的精彩故事，阅读过程就是尽情享受这些文字点亮的整体图式。似乎双男主才是真正强强联合的完美范本，且不说这里面是否含有偏见，也不用将话题上升至女权或者两性的高度，在这样的情境中，女性读者和观众的确可以完全置身事外，单纯欣赏所展示的故事。

施虐与受虐更是如此，受虐者的愉快很可能来自感受到施虐者的力量与掌控。施虐者和受虐者各司其职，共同创造和享受这个整体图式，所以无论是实施方还是承受方，在各自的意识里首先激活的整体图式都是需要演好自己的角色。当每个角色都演好了，整体图式才是完整的，双方才可以在此时此刻共享这个完美的整体图式——"我从你对我实施的控制中感受到强有力的控制感，我不会反抗的，因为我不想让这种强有力的控制感消失"。每个人都是这个完美整体图式的创造者和共享者，不用拘泥于单一角色，它从头到尾都是一个关于整体的故事。

除了这些流行文化领域的有趣现象，还有很多看似严肃而宏大的话题也遵循上述原理，比如种族偏见或性别偏见。在各种偏见中，歧视方和被歧视方共同组成关于"歧视"的整体图式，双方对歧视的认识来自完整的整体图式，也就是说，双方都认同对方的境遇，而非单独认同自己的境遇。在电影《绿皮书》里，在田地里耕作的黑人会觉得坐在小轿车里的黑人是奇怪的；相反，

并不认同这个"黑白有别"整体图式的白人，才能真正平等地看待任何人。再比如，在中国落后地区，苦心孤诣地劝说被丈夫殴打的女性要忍气吞声的，往往是其他女性，尤其是有过相同遭遇的女性，她们努力教导和维护的是一种整体图式，并没有因身为女性而从自己的身份和自然属性出发去考虑问题。

这个道理延展下去，可以重新理解很多社会现象。一个曾经被压榨的群体在摆脱压榨后，可能成为变本加厉的压榨者，因为"如何压榨他人"是他们经历最久的整体图式，对这个悲剧情境熟稔于心，会自然而然地扮演好相应的角色。这种主动的扮演，也许会使他们成为更"卓越"的压榨者。要改变这一现状，不让这种悲剧重复发生，最显而易见的途径是有意识、主动地录入新的关于上述关系的整体图式，让那些更健康、更积极、更具有建设性的整体图式代替有关压榨的整体图式。如果一个备受欺凌的人，一朝翻身成为变本加厉地欺凌别人的人，与其说他在发泄之前积攒的怨恨，不如说他并不知道除了欺凌以外，人和人还能如何相处。

我们一定要看到背后完整的整体图式，不要过分放大单独的特征和元素。单独的特征和元素在内容上或许非常相像，但其背后的整体图式及激活过程可能南辕北辙，尤其是当我们着手改变局面的时候，更要从整体图式入手。

身心整体

身心关系的紧密程度，永远会超出你
的想象。

另一个要被强调的是我们的身体。整体图式的"整体"是将信息、身体、感受都包含在内的。包括器官、腺体和神经递质在内，都以眼、耳、鼻、舌、身等五感为通道，参与每一个新的整体图式的形成和激活过程，五感成为意识与外界相连的实体通道。这一过程虽然不足为奇，但反过来的过程相当重要。这些整体图式不仅互相影响，而且影响着我们的身体，这就是"身心不二"的意思。

关于自然、舒适、自信的整体图式被激活时，意识主体的身体状态会和关于紧张不安的整体图式被激活时完全不同，这种不同不仅仅体现在肢体形态或外显情绪上，还体现为对内部器官和腺体的影响，这也是意识通过整体图式实现身心交感的过程。画家张晓刚在一次访谈中提到他的绘画模特时说，每个人身上都有独特的"生活感"，也就是一个人的生活历程给他的身体形态留下的独特印迹。我想这不仅仅是容貌或体态方面的印迹，还包括独特气质和个性，构成一个整体。

什么样的整体图式会带来什么样的身体状态？也很简单，要看录入这个整体图式时身体和五感处于什么状态，这些都会"昨日重现"。这听上去有点循环论证，像先有鸡还是先有蛋的悖论，其实不尽然。追溯到意识形成的最初阶段，胎儿会记录"好"和"坏"的感受和身体状态，意识主体最初就知道什么是"好的"和"坏的"——那些顺应自然、不超出限度的事都是"好的"。说到底，这一切还是来自我们生活的地球的自然环境。全人类都会被突如其来的巨大声响吓一跳，这是本能，但本能到此为止。善恶、是非是不是人之本能？请先放弃使用这些字眼吧，毕竟，意识主体要在很晚以后才知道这些词汇的含义。

我们的意识以身体五感通道为媒介，加工着来自外部的信息，构建了整体图式库这个永不休止、布满涟漪的湖面，这些涟漪反过来不停地影响着我们的身体和感受，还通过我们的外在行为改变着周遭的一切。整体图式中的"整体"，除了指各通道信息的整体性以外，也包括意识与身体器官、腺体等的整体性，以及通过行动和结果勾连起的人与人、人与环境的整体性。这就是开头我说过的，我要为我的读者讲一个关于整体的故事。整体的边界究竟在哪里？整体可以使用边界，却从不定义边界。

整体图式对人类身体的作用，除了在意识中被"感知"（探照灯照亮）到的，还有在潜意识和无意识中被部分感知和不被感知到的，都会发挥影响。这既包括身体形态和神经递质的变化，也包括与之对应的行为，这是整体图式将身与心联通起来的原理，同时再一次验证了它的整体性。身体的状态（包括内分泌环境和肢体形态）同样属于整体图式，从最初的录入和激活开始，这些身体指标和主观感受就同来自外界的信息一样，组成一个又一个整体图式，循环地持续存在于每个意识主体的生命历程中。

额外补充一下，身心作为一个整体的观点和视角，绝不是简单的唯心视角。我不宣扬任何借用意识超越身体极限的观点，人类的身体首先是地球环境的组成部分，其局限性是明确存在的；同时，不同人类个体存在由基因决定的差异也是不争的事实，这些是每个意识主体建立整体图式库的基础。不能反过来，使其成为意识要去颠覆和超越的极限值。

再举个关于表情的例子。一位高架电缆的女检修员参加了一次电视节目的录制，节目中播放了一张她攀爬高架铁塔时的抓拍照片，她自己看了都忍不住掩面而笑，她说："早知道你们在拍照，我就笑一笑了，这表情太扭曲了。"女检修员的表情正是她徒手攀爬在几十米高架铁塔上的内心写照，或者说是全身心的写照。人在这个时候是身心一致的，紧张、努力、全神贯注、对抗恐惧……所有这些都会体现在表情中，这是即刻自然发生的事，是不加干预就如此自然统一的事。

内外整体

你一定有跟你的内心风格一致的书桌、房间、人际关系、生活境遇以及整个人生。

最后一个要被强调的，是我们作为意识主体与外部环境之间的整体性。经典的吸引力法则认为，人脑中反复想的事情，会变成真的。这看似主观、唯心的观点，用整体图式来看一点也不神秘，这是整体图式的整体性的又一体现。

　　把人看作一个意识主体，其整体图式录入过程会加工来自身体、感受、外部环境等的全部信息，实践活动同样会从这些内容出发，意识主体通过这种实践活动与外部环境、各类事物处在一个完整的整体图式中。只需经过一定的时间，甚至不需要太长的时间，内外的整体性就会体现出来。看似"梦想成真"，其实是通过实践实现的结果。

　　这么说来，"梦想成真"的重要前提是梦想的清晰程度，或者说意识主体拥有的信息细节的丰富程度。越是明确、清晰地激活关于梦想的整体图式，就越可能将之实现。需要注意的是，完全没有行动实践，肯定不会达成"梦想成真"的效果，因为内外的整体性是通过实践过程实现的。整日空想，一点不行动，是不行的。对梦想细致描摹会激发行动的动力。很多时候你不是没有梦想，是梦想得不够具体吧？想要发大财？所有的机会都要抓住啊，路过彩票店也不妨一试。

以形补形真有可能

科学与伪科学的差异不在于证据，而在于对科学的定义。

以形补形是不是有科学依据？安慰剂效应是心理作用，但心理作用是不是"科学"的作用呢？没有所谓的科学依据，但有别的依据，可不可以是一种依据？接下来，我来举个例子，这个例子放在别的主题下基本上是反面教材，但在我讲的故事里，却有另外一种理解。

"蚯蚓因其生活习性而擅长钻洞，给人以灵活疏通的印象，那以蚯蚓入药，会给疏通心脑血管类疾病带来帮助。"这句话在我们当下的时代，如果不辅以"心脑血管类疾病的器质性病因如何通过蚯蚓所含的有效物质被影响和改善"等补充，定然会被认为是巫术时代的天方夜谭，起码是愚昧、落后的迷信行为。

同样是看不见、摸不着的原理与猜测，当下的人们就是会相信物质在分子层面、化学碱基层面甚至基因层面，带来变化，产生作用，最终改善了身心状态。人们对这些看不见的东西深信不疑的程度，和历史上人们曾笃信地心说、神创论并无不同，只不过当今时代正在被科学王朝主宰。这么说不是指地心说是错的，神创论是错的，日心说就是对的，进化论就是对的，同样也没有说科学本身是对的还是错的。因为对错的判断标准同样需要在一个"王朝"下被定义，并无绝对标准。谁又能说，"王朝"本身不是一个巨大的整体图式呢？

"起作用"这件事是如何起作用的？就像我上面说的，起作用是离不开当时历史时期下主宰世界的王朝法则的，这么说听上去有些唯心，似乎夸大了主观认识的能动作用，但请别忘了，对唯心的质疑恰恰是我们这个时代主宰王朝的基本质疑之一。我们生活在当下的科学王朝中，才会给很多现象冠以"心理作用""纯属巧合"等轻描淡写的解释，始终致力于寻找所谓"物质层面相互作用"的证据，作为各种结论的支撑物。

现在回到整体图式，看看蚯蚓身上发生的故事。蚯蚓的上述特征通过视觉等五感通道在人类意识中激活关于"灵活疏通"的整体图式，"服用"的行为会激活"合二为一"等整体图式（此处如果是"外敷"，其激活的整体图式可是不同的）。当这些整体图式在意识中被激活后，身心整体的原理始终在起作用，身心整体中当然包含器官、神经递质以及气血，于是蚯蚓的作用就发挥出来了。是的，依照科学王朝的习惯，这听上去有点匪夷所思，但如果这是真实发生的过程呢？还有，对这个过程的相信程度也影响它能起多大作用。可能会有人觉得，那就不限于疏通心脑血管了，岂不是还可以通过疏通的效果改善一切腰酸、背痛、腿抽筋？"包治百病"岂不是成真了？请不要忘记，在服用蚯蚓作为药物的时候，"对症下药"这件事已经为病人在意识中激活了治疗的重点。

对于这个听起来略奇特的例子，我也无法给出科学王朝统治下的确凿证据，因为科学王朝有太多的限制，还"很好"地指导着当下世界的运转。我无意推翻任何王朝，只是总要做点准备，服务于那些处于科学王朝边缘的事件，那些科学王朝处理起来比较乏力的情境。放眼望去，这样的事件或情境似乎越来越多了。

话说回来，尽管我用这个例子揭示了意识的奇特作用，但以蛋白质为基础的人类的身体是存在极限的，这是一切意识理论的出发点，当然也是整体图式的出发点。即使你觉得蚯蚓的故事有启发，也不要去妄想那些拉着自己的头发就能离开地面的尝试。

共同的人类

人何以为"类"？我们确实拥有命中注定的一致性。

人类生活在地球上，这里的重力、大气、水和阳光是共有的，人类身体本身的构造也是相近的，这些反映在生命早期的整体图式上，就意味着人类的原初整体图式是相近的。比如没有正常的人类个体会认为，三角形物体的一个角着地代表着稳定，即使婴儿也不会，这不需要任何语言与文化参与其中。当每个大脑中的意识不断成长（整体图式库不断丰富），时时刻刻接触着新的信息，整体图式会不停增加、变化和激活，外部环境因素、文化等相关概念开始逐步录入，而原初整体图式始终参与这个过程，其内容以不同的方式和路径参与各种自然—地理—历史—文化的构建，并开出古往今来各种属于人类的创造的美丽花朵。溯源而上，在这些花朵中都会找到原初整体图式的内容，人类因为这些才能称为"类"，才是一个整体。

　　说到此，很自然地要提到荣格和他提出的"集体无意识"概念。无意识的内容之所以让人类集体共有，在我看来，主要因为人类的大脑与身体——意识主体的核心物质媒介，与环境的基本互动是相近的。这些相近的互动形成的原初整体图式就是人类意识共有的原型。

如果从整体的角度理解人类意识，可以带来很多其他启发，例如可通过遗传复制的变异到底是如何产生的，等等。我们可以用整体视角重新审视所熟悉的一切。

集体潜意识　心理学术语，来自荣格代表的分析心理学流派，原意指全人类共同拥有的心理和精神特征，如怕黑、畏高，也包含一些复杂的神话传说和隐喻等。荣格为集体潜意识寻找的理由是，这是进化的作用。

——作者注

特征陷阱——重新理解"忒修斯之船"

人们长时间争论着到底哪艘船才是真正的忒修斯之船，错把一道名词解释题当作一道单选题。

"忒修斯之船"（The Ship of Theseus），是个古老的思想实验。最早出自普鲁塔克的记载。它描述的是一艘可以在海上航行几百年的船，这要归功于不间断地维修和替换部件。只要一块木板腐烂了，它就会被替换掉，以此类推，直到所有部件都不是最开始的那些了。问题是，最终的这艘船是不是原来的那艘船？它的部件被全部替换后，它是一艘完全不同的船吗？如果它不是原来的船，那么在什么时候它不再是了？还有哲学家做了引申：如果用船上换下来的旧部件重新建造一艘船，这两艘船中哪艘才是真正的"忒修斯之船"呢？

　　在"忒修斯之船"的思想实验中，无解的悖论的核心是——什么才是"忒修斯之船"？这是个不能用"把整体还原成特征组合"的方式去分析的问题，因为一个概念并不是通过把所有组成部分一一界定边界，再组合起来而形成的。这个思想实验的提出，是在"整体可以还原成特征组合"这个整体图式下进行的，所以才会聚焦于"组成整体的每个部分"——一块块的木板或一个个部件，以此为基础去讨论部分和整体之间的关系。用这样的背景性整体图式展开提问，就携带着矛盾而来，所以表面上是无解的。这个无解的结论，却暗藏了整体和部分之间其他的关系形式。

思想实验的重要价值应该是让人们重新审视提出问题时背后潜藏的整体图式，那里才有真正该反思和值得商榷之处。如果我们试着想象，概念不是由部分组成的，"忒修斯之船"的困境就消失了。比如，"忒修斯之船"就是经历了斗争和风浪之后，象征着胜利并带着喜悦和自豪的那一刻——一个完整的整体图式，完全不能分解，所有这些信息元素缺一不可，包括情感和体验，包括图像，甚至包括声音在内，当然不是亲眼所见的画面和亲耳所闻的声音，是我们在形成"忒修斯之船"这个概念的时候所能囊括的全部信息。

每个人心中的"忒修斯之船"当然不是由木板构成的，更不要说分解为新木板和旧木板之争。"忒修斯之船"原本就是不可分的，就是这几个字能够点亮的所有整体图式之和。试想，当年战争胜利时，刚刚抵达港口的"忒修斯之船"，一块木板都没有更换过的这一实物停靠在岸边，从旁边经过的人如果从来不知道它的故事和名字，对这个人来说，眼前的这艘船即使一切部件都没改动过，也从来不是大名鼎鼎的"忒修斯之船"。物质实体可以被分解和界定出组成部分，这是显而易见的，同样的手法运用到某个概念上时，遇到的挑战是整体图式层面的。相似的手法激活相似的整体图式，让人们误以为同样的分割与界定是合理的，也正是这种对合理的感受，最终导致了这个悖论。

"忒修斯之船"不是最初靠港时带着海水咸味的那艘船，也不是不停地拆换部件而消解中的那艘船，更不是用旧部件重新生成的那艘船。"忒修斯之船"是每个人看到这个作为激活线索的词汇的时候，心中涌起的所有信息与感受。

这一切看上去好像会让我们陷入唯物主义失效的境地，实则不然。物质世界无疑是意识形成的第一前提，这个世界首先要存在——从无到有地存在，人类大脑的机能才能通过与之互动来形成意识。但人们通过意识认识到的所谓"真实世界"，也只能是真实世界在人类意识中的一个映射。我们唯一拥有的就是这个映射，也就无从谈起其他的真实，这只能是唯一的真实。

自由意志

湖面上的涟漪是坚定的，没什么可以
阻挡它的荡漾，哪怕是暗礁；湖面上
的涟漪也是散漫的，什么都能改变它
的形状，哪怕是微风。

我们到底有没有自由意志？这几乎是心灵哲学乃至整个哲学学科中最璀璨的一颗明珠，当然应该也是人类最有雄厚自信的那颗明珠。我们的行为受激活的整体图式的影响，反过来，这些行为又将新的整体图式录入整体图式库中。

　　意识是自由的，像涟漪荡开时无任何事和人可以阻挡；意识又是局限的，我们只能在已有的整体图式库里激活一个个涟漪。这个明珠问题的悖论在于：假设了一个"我"的存在，所以才问"我"有没有自由意志。"我"能不能随心所欲地控制自己的行为和思想？是先有"我"，再有了"我能否控制……"；假如"我"并不存在，这个问题也就不存在了。意识认为自己是个"主体"，这个主体就是实体——"我"，在整体图式理论看来，意识的这个结论，不过是激活了一个整体图式而已——它是人们从小到大学习使用"我"这个词的时候，汇聚起来的那些珍贵经验和喜忧参半的体会。我们太熟悉"我"了，好像这就是立在眼前的一把椅子、一张桌子，需要我们时时勤拂拭，需要多加修缮、装点，还会问结实与否……真的如此吗？"我"真的在那里吗？"我"也是

意识世界中荡漾开来的一个涟漪，跟其他涟漪并无区别。

继续阐述关于"我"的概念，就会遇到另一个更具迷惑性的概念，即"意图"——想要做什么。"我的意图"到底是什么？这是真实生活中最常见又最不容易捕捉的内容。试想：回到胎儿时期，胎动的时候，胎儿在干什么？无非是通过可以支配的一切（意识与肢体）获得一个感受更好的状态，可能是从不舒服到舒服，也可能是从平静到获得更大的愉快。这个最初的、大多数来自肌体的、略带功利色彩的整体图式，可以被视为意识主体的"意图"的最初原型。跟其他整体图式的原理一样，这一最初的整体图式始终参与后续其他整体图式的构建过程。

你应该准备翻过这一页了，我们来看看为什么你会有翻书这个"意图"。很简单，因为你的"把书继续看下去"的整体图式激活了翻书这个动作。如果此时此刻有一只猫陪在你身边，跟你一起看的话，多半只能是你伸手翻书而不是猫，因为猫也许并不想继续看下去，它也不在意这一页是不是看完了。不过，这也不一定，毕竟我们从来不曾真正知道猫的意识里有什么。

再补充一句，大家都知道心理学研究中的"动作电位"的故事，它甫一出现就温柔又响亮地打了自信的人类自我一巴掌。在你的"意图"支配你的行为之前，你的大脑生物电已经在播放"开场主题曲"了——是谁按下"PLAY"按钮呢？当整体图式被激活才会带来后续的肢体行动，动作电位发生在整体图式激活的哪个阶段？我没法回答，因为回答的前提是要实现将脑电与人类意识系统地对接起来，目前这是不可能的，是不是必要的也还在讨论之中。但是，动作电位作为一个证据，可以看到在显性的"行为"出现之前（还有之后），我们的肌体无疑还发生了其他事情，依照整体图式的理论，这些事情肯定是整体的，包含各种通道的信息，被知觉到的内容以及产生的外在行为仅仅是其中一部分，那脑电现象先于行动也就不足为奇了。

再举一个生活中显而易见的例子。试想一下我们在大扫除，正在清理角落灰尘的你发现一个稍微大点的灰粒，很自然地伸手去捡，当你用手触摸并拿起来放到眼前仔细看时，突然发现这是一只小甲虫！甚至还是会动的、活着的！你条件反射般扔掉它，同时尖叫起来……好了，停！我们留在这个令人颤抖的瞬间，回想一下，你是在清晰地分辨并得出"这是一只活的甲虫"的结论以后才扔掉和尖叫的吗？大概不是吧，有分析、判断以外的其他内容帮你做了扔掉和尖叫的决定，甚至可以说，你是在扔掉和尖叫之后才意识到自己拿着的可能是一只甲虫。不用检测动作电位就能知道，在我们有明确的意图之前，一定已经发生了很多事。

整体图式就如同湖面的涟漪一样荡漾开来，这种荡漾看上去是无法阻止的，但可以被影响。这种影响跟我们在本节最初谈到的"我"的自由意志是不同的，并没有一个"我"总是可以站出来指导哪些整体图式应该被激活和不该被激活。这种影响的发生原理也是简单的：在整体图式库中设法增加"我"希望的整体图式。

　　简言之，虽然意识中整体图式的激活是不能精确受控的，但因为原有的整体图式库，会存在一种内在的方向。回到生活中举个例子，这就好比积极、乐观的人格（稳定态度）会带来更多的积极推动一样，虽然这当中的"积极"和"乐观"都是一种整体图式，并没有比"消极""悲观"高人一等，却可以因此改变新增整体图式的加工方向，也因此带来整体的影响。再具体点，好比意识的整体图式库中如果有更多积极的整体图式存在，在录入新的整体图式时，就容易将新信息也纳入积极的类别中，这个过程是通过上文提到的"先来后到"的原理实现的。也正是如此，意识主体在漫长的整体图式加工过程中，才能逐步形成稳定而连续的"人设"。

道德感

这是永远不会脱下的新衣，我们都是
皇帝。

人类的道德感，真是一个混淆视听很久的主题。这个主题因其激发和包含的独特的情感体验，让人们长期认为，这是个特殊的话题和领域，甚至有特殊的物质基础、特殊的生物回路……特殊到可以将人与其他生物区分开。古往今来，各个领域都到这里抢占过制高点，古老到宗教，晚近到脑神经科学，仿佛都在将之作为一个值得被特殊关注的所在。它到底多独特呢？人类历史演进到今天，道德感的特殊性恰恰是因为人们认为（需要）它足够特殊而被构建出来。

　　在整体图式里，道德感是怎么来的？道德感在人从胎儿晚期就开始的整体图式构建过程中，是比较晚才开始被构建的，所以整体图式理论不认为人类的道德感是与生俱来、代际延续的，是人之所以为人的核心，它甚至不是人类独有的（可参考神经哲学中对于草原田鼠和森林田鼠的神经递质差异的研究）。它仅仅来自幼小个体与养育者之间为了生存的互动。人类是绝对意义上的早产儿，没有养育者是绝对无法存活和长大的。在有些耸人听闻的新闻里，那些被动物养大的孩子也一样，没有一个人类个体是不曾拥有养育者的。

在最初与养育者的互动中，幼小的人类个体第一次体会到那些后来被命名为"道德感"的一系列信息和感受。最初，这些内容只与基本的共情行为和感受有关，绝对不会包含伤害他人、说谎、偷盗、不敬神等"高级"内容。正是从这些来自养育者的共情行为开始，才构建了后来所谓"道德感"这个整体图式库。至于亲社会性、公平等复杂的内容，则需要依赖个体成长的社会文化环境，它们形成的过程也与其他整体图式的形成过程没有什么不同。

值得一提的是，试图通过追踪脑区、神经递质等来解释道德感的神经哲学家们的观点，粗略地概括起来就是，脑区和神经递质的活动是引发道德感的基础，而这类结论面前不可撼动的大山，也是耸立在脑神经科学面前共同的大山则是，脑神经证据和意识内容无法双向对应起来。当我因为伤害他人而心生愧疚时，我的大脑活跃状态是能被记录下来的，但是当这样的活跃状态再次出现时，我体会到的也许不再是愧疚。

在整体图式理论看来，去追究谁决定了谁是比较困难的。当相应的整体图式被激活的时候，身心原本一体，脑神经科学的基础假设本来就带着决定论和还原论的整体图式。总要为因果关系找个单向的定论，这个执念又如何稍作修订呢？

神经哲学　新兴的交叉研究领域，用脑神经元的活动规律解释哲学的基本问题，如什么是时间，什么是存在。

——作者注

连续性构成整体

连续即整体。

整体图式作为意识的唯一内容，既是表象又是本质。就像它从最初的录入、激活到整体图式库的形成，是通过一连串的连续触发实现一样，每个意识主体在整体图式的作用下，其心理特征、行为特征、身体机能，乃至久而久之互动形成的外部环境，都因为这种连续触发而具有连续性，成为一个整体。

　　换言之，意识主体的整体图式库将每个人的身体、行为、心理特征、（经过深度互动后形成的）周遭环境统一起来，让这些成为不同范围的整体。大到"性格决定命运"，小到"家的样子就是心灵的样子"，都是最好的佐证。

人的待机整体图式——气质

所有走过的岁月，都在你身上装点出
那份与众不同。

人的气质是什么？是他在没有具体行为目的时，作为"待机屏保"般不停切换和闪现的那部分整体图式。具体行为目的产生时，这些整体图式也一定是参与者，但"待机"时它们是主角，气质往往是在无具体行为目的时才能够被最纯粹地展现。这些整体图式通过连续性时时刻刻地影响一个人的行为举止，甚至影响其肢体动作和样貌，毫无疑问地也影响其语言特征。通常来说，人们在他人身上看到的所谓平静、优雅、焦躁、自卑、自信等，其实都是他人意识中整体图式的一部分。

心灵鸡汤里曾经有这样的说法：一个人的气质包含他读过的书、走过的路、爱过的人。这没什么诗意的，一个人整体图式的形成过程也就是他读过的书（通过文字线索激活和构建的整体图式）、走过的路（通过眼、耳、鼻、舌、身等五感激活和构建的整体图式）、爱过的人（通过与其他意识主体互动激活和构建的整体图式）共同作用的产物。

举个稍显恶俗的例子——贵族和暴发户的区别。贵族的举手投足和语言表达，都在显示着其意识中的整体图式，暴发户也一样，他们的差别当然不仅仅是有没有钱这个简单特征。暴发户想要切换整体图式是艰难的，但它是可以实现的。住在哪里，看着什么，听着什么，关于富足、有限、无限等的整体图式都需要修葺和重建，这就是为什么贵族的养成通常需要点时间——外在的修炼需要努力，内在的整体图式也需要革新。别忘了，从人一出生（甚至没出生）就开始积累的整体图式库，可不是随随便便就能 180 度大转弯的。

气质　心理学术语，指一个人相对稳定的心理活动的特点，包含多个维度，如思维反应速度、感知敏锐度等。想要准确描述气质很不容易，因为是在用语词描绘"整体"。

——作者注

艺术创作

惊艳的背后是年复一年的努力和积累，灵感是九百九十九个平平无奇的念头之后的下一个。

人的气质是意识主体整体图式库的"待机屏保"，在行为中时时刻刻体现着。而源自头脑的创作过程，无论是写作、音乐、美术，还是一切我们称之为"艺术创作"的过程，都是整体图式连续性的另一种体现。简言之，艺术创造本身就是意识主体积极、主动地在意识中发明新的整体图式，再把它们展现出来的过程。

所有艺术家，首先都是观念艺术家。艺术家整体图式库中存在的内容不一定会被完全展现，但是不存在的内容是一定不会被展现的。普通人和艺术家一样，只能创造他们意识中已经存在的内容。而这种创造过程往往伴随着一种不受控制感，创造者感觉到仿佛不是自己在创作，而是某种事物在自然流淌，好像有一种冥冥中的力量推动了创作过程。正如陆游所说的"文章本天成，妙手偶得之"，在我看来，这正是整体图式的连续性或整体性带来的一种"流淌"——图式的整体性是不受意识主体的主观控制的。

一位作家坐在书桌前，信誓旦旦地说要写一篇某某风格的文章，或要创作某种风格的作品，那几乎是不可能的。一个人写出来、创作出来的东西只能展现他的整体图式库当下的样子，是既丰富又封闭的，能做到的和做不到的都很明晰。

反过来，很多训练与精进是"功夫在事外"，也是一样的道理。对于写作和创作的训练与拓展，更多的是在拓展意识主体的整体图式库，当然不能仅仅局限在练习写作和创作过程本身，更重要的是要丰富生活经历和生命体验。有时候，创作到了瓶颈的时候，创造者不断地体验着局促与压抑，胶着在这里，可不是一件有益的事情。

所有艺术家首先是观念艺术家，那什么是观念艺术家呢？要看看整体图式库里是不是有与众不同、可以给其他人带来启发的整体图式。如何能在意识中不断产生这些与众不同的整体图式呢？当然只能保持勤奋——丰富体验和专注思考，这是主动创造新的整体图式的"唯二"途径。

知名设计师为什么贵？花在打造一个意识主体的整体图式库上的天赋、时间、努力、外部环境等，简直是无价的。只有这样的整体图式库，经过努力才能"流淌"出惊艳而独到的作品。

艺术　很难定义的常见词语之一。在纷繁、复杂的形式和内涵下，一切都只能围绕着"感受力"。

——作者注

成长的连续性

在整体图式不断"入库"和"出库"之间，我们完成了重要改变。

说到创作，一个人被养育长大的过程，也可以看成创作过程。养育者教养下一代时，自己的整体图式不断流淌。一个意识主体的成长过程，由先天遗传基因决定的蛋白质特性和后天积累的整体图式共同起作用。前一个决定了大脑和身体的物质属性，后一个作为整体图式激活和加工的重要早期材料，其作用不言而喻。先天因素和后天因素谁更重要之争原本也不算什么争斗，本来就是缺一不可的。需要提醒的是，不要忽视或者夸大基因的决定作用，好像上哪所大学都写在基因里了。

　　在养育这个创作过程中，有一个有趣的开端——名字。一个人的名字，可以看作养育者对这一创作过程最初的定调，后来的创作过程若即若离地围绕这个定调展开，它无疑包含着养育者复杂的养育初心。同时，作为养育者创造出的整体图式，也难逃养育者所处的环境的影响，所以名字都携带着鲜明的时代特征。

　　名字的"派遣"作用，就是这样起效的：在漫长的养育过程中，养育者和被养育者共同将这个养育初心慢慢描绘完整。

　　不单是养育者对被养育者的影响，每一个意识主体发展的过程都是连续的——连续构建和使用整体图式，连续在外在的行为和环境中展现这些整体图式，意识才得以连续，成长才得以连续，所有的精进与修行也得以连续。成长中的满足感（或者圆满感）是一种境界、一种状态，是被激活的一个完整图式，不是通过拼图完成的，而是通过不断累积和变换当下的整体图式实现的。当然，如果把拼图看作一个完整图式，也未尝不可。

修行无论在家、出家，精进无论当朝、下野。成长的过程中，不停充盈的是每个意识主体的整体图式库。

名　名字，是一个有趣的现象。《道德经》开头说，"道可道，非常道；名可名，非常名"。名字和对应的事物之间，是相互指认又相互束缚的关系，我们和自己的名字也是如此。

——作者注

图式污染

警惕那些创伤体验，它们会让思维变得有毒。

支离破碎的环境和遭遇，的确会使人也变得支离破碎，但这一切并非必然。这些支离破碎最初可能来自孕育胎儿的母亲糟糕的身体状况、非常态的遭遇等，也可能来自儿童成长中的情绪阻滞、身体虐待，以及纷繁、复杂的负面成长环境。

　　虽然支离破碎和污染都是不怎么光彩的词汇，但对整体图式来说，并不存在光彩与否的区分。意识主体越是早期经历这些，它们就越会原封不动地成为早期的整体图式，参与后续的整体图式加工。相反，越是成熟后的经历，就越可能使用整体图式库中的正向资源，将之转化为积极、正面的整体图式。

　　每个意识主体成长的过程中，都不可避免地会经历这些"好"与"坏"，在不停地对抗和转化中成为一个个独特的人，这也是为什么人类既相信苦难会成就人，也相信苦难会摧毁人。的确不用美化苦难本身。对整体图式来讲，成就和摧毁没有那么大的区别，但苦难是真实存在的，它起源于胎儿第一次有不愉快的感受，这是所有人都不可避免要接受的生活馈赠。请照顾好婴儿和孩子吧，因为养育者除了在守护一个弱小的人类幼崽，还在规划着一个人类新成员生活之路的大致方向。

特征与整体南辕北辙

离开了整体的特征，就像一个隐去上下文的标点符号，常见却难以理解。

让我们看看，那些对某些片面的现象或者内容展开猛烈抨击的场景，就是我们经常说的把一件事"上纲上线"。一些女权主义者曾经对"冠夫姓"这个现象做了异常激烈的抨击，"上纲上线"到了一定程度，而有时候让人啼笑皆非的是，当事人可能仅仅图个方便而已（在有些国家，冠夫姓在很多情况下可以少填写很多表格）。当然，有人认为这种方便本身也意味着一种妥协或者助长。"纲线"是抨击者在抨击"冠夫姓"背后的整体图式，而当事人看重的或许仅仅是"方便"，并未意识到存在需要被抨击的背后深意。

　　同样的一个行动，激活的整体图式的差异巨大，相同的特征在不同整体图式中的含义南辕北辙。深究下去，在上述例子中，到底是谁一次又一次地激活、高举、强化"不平等"和"被压迫"的整体图式呢？毫无疑问，是指责和抨击者，而被抨击者心中最开始甚至没有这些内容。如果抛却"反对"或者"支持"这样的前置动词，这些负面整体图式的内容毫无疑问是由抨击者亲手带到公众面前的。手里握着锤子的人，用其对相关整体图式强大的信仰，把原本自己都不认为是钉子的东西，通通变成钉子。如果钉子反过来再认同自己，哪怕这种认同仅仅是指出锤子的一些不合理之处，其实也完成了对相关整体图式的再一次强化。

　　从整体图式的角度来看，反对和支持是同时入场的，都再一次强调了观点本身。太多时候恰恰是那些不断被强调的反对，在生生不息地强化着他们想要摒弃的东西。这种现象用整体图式理论去观察，其原因就变得显而易见了。去借鉴一下幼儿园老师的做法吧：当有小朋友调皮捣蛋时，不要只记得狠狠地批评他，一定要同时表扬那些表现好的小朋友。

女性主义　一种现代社会的思潮，最初发端于追求社会领域方方面面的男女平等，它的内涵和外延一直在不断变化。日本著名的社会活动家上野千鹤子女士曾经主张，"女性主义就是为了让弱者能够以弱者的姿态生存下去"。

——作者注

从机器人聊天再看语言

语言这个熟悉的陌生人，总是试图隐藏语词背后究竟有什么。

再一次回到语言，这个几乎无法回避的日常艰深课题。关心人工智能领域的读者不知是否发现，ChatGPT 爆红的背后，神不知鬼不觉地隐藏了一件事：人们开始放弃多轮对话的 AI（人工智能）尝试，专注于产生具有复杂结构的信息（生成式）。小冰们曾经信誓旦旦地要为 AI 互动注入温度的豪言壮语，终将回到一句简单的"我在"。

　　聊天机器人为何一直无法摆脱"尬聊"？且不说那句用来强行过渡的"虽然我不是很理解你的意思，但是我会不断学习的"，大部分对话在几轮之后都会让用户开始出现"关爱智障"的体验。从微软小冰开始，聊天机器人的基本设置还是不太能离开树状逻辑，也就是尽量尝试穷尽每一句对话对应的可能回答，并以此展开对话网络，这个基本设置明显带着我在本书之初提到的倾向——基于特征展开的假设与分析，人们试图寻找话术与话术间可能的对应数量和对应关系，以此编织出一张对话网。小冰们一直以来的努力方向，就是把这张网不断地织密。在我看来，这种织密完全不是解决尬聊的途径，再密的网络，其结点与结点之间的线都是唯一的，只能通过这根线连接起来，这才是尬聊的本质。当这种连接是唯一确定的，而不是聊天者随着对话情境选择的，尬聊的感受就不会减弱。毕竟，尬聊就是并不完全的"前言不搭后语"。

语言的图像理论试图告诉人们，语言不是通过语词精准地锚定对象之物，而是试图描绘一个场景或者一个图像。回到我们的整体图式理论，我反反复复在说的也是这件事。一个意识主体以语言为线索，将自己意识中关于一件事的整体图式表达出来，并通过人与人之间整体图式的同构特征，为另一个意识主体激活属于他的整体图式，达到整体与整体之间的相互理解和信息交换。我们无法，也不应该通过携带和传递信息的数量以及被准确复制的程度去判断语言的有效性，因为语言的高度私人化特征使这些所谓的"准确复制"没法在意识主体之间被衡量。

再回到聊天机器人。在整体图式理论看来，如果机器通过学习积累的是意识主体使用的语言（包括表情、标点符号、停顿节奏等）背后对应的图像库（当然最好是整体图式库，但对整体的界定和包含是异常困难的，不是计算机语言擅长的领域），理解意识主体（聊天用户）使用的语言与图像的对应关系是极为重要的。和 ChatGPT 回答提问不同，聊天的重点并不在于获取有结构的信息内容，而在于聊天时参与者是否共同处于一个场域中，让表达和倾听都不脱离当下情境，让参与者有顺畅、自然的在场感。

聊天也许不需要——回应句子，而应该在被激活的图像库中寻找相应的内容，这才会真正减少尬聊的感受。举个例子，如果用户在星期天的上午 9:00 对小冰说："我出色发挥，早早起床啦！"小冰该怎么回答才是用户眼中的"懂我"呢？当然还是要对用户极为熟悉和了解，但这种熟悉和了解并不是追求不断提高"精准性"，而是要了解作为激活线索的语言，在用户意识中对应的图像或者整体图式是什么。

既然整体图式如平静湖面荡漾开的涟漪，"精确地界定"就几乎是个不可能完成的任务，这种"不可能"到底有没有可操作性呢？对它的尝试又会有什么意想不到的收获呢？下一节，我们就会讲述与之有关的话题。

从整体入手实现超级智能

人类对机器智能的所有想象都超不出
自己的是非、善恶观念，真正可怕的
当然是无法想象的那些。

· 整体图式：人类意识遥远的相似性 ·

接着上面的话题，AI领域里有个旷日持久的激烈讨论——人类能否实现超级智能。回顾人们自己发明的机器模拟人类智能的过程（当然是人们想象的诸多人类智能可能性中的一种），可以发现，人们依然是从特征入手的。这太显而易见了，人们粗浅、直接，甚至是直觉地，将特征和特征之间的关系（过程）输入机器，让机器逐一模拟出来。这种假设的背后是一种其实站不住脚的野心——当我们搞清楚全部特征，也搞清楚全部特征之间的关系，就是搞清楚全部的可能，搞清楚全部可能的智能就是超级智能，超级智能超越人类智能之处就在于计算速度、存储量以及二者相乘。

　　这个思路简单明了，仿佛需要人们付出的只有持续的努力和机器算力的提升。基于整体图式理论，我可以明确地表达以下结论：从特征入手的超级智能，无论增加多少算力和特征的数量，都只是不断诞生某个细分领域的知识或者技能的百科全书，不会达到人们目前谈起超级智能时想表达的那种令人兴奋的图景。再补一刀：古往今来，百科全书从来不是某个时代最高明的智能代表。

硅基的特性决定了它的物质性能远远高于碳基的物质性能，当硅基物质和碳基物质采用同样的玩法时，成绩自然远远超过后者。由于后者自称"智能"超过几千年，当硅基物质也能做到这些时，被称为"超级智能"绝不为过，但其超级之处似乎不同于人们心心念念的图景。

当前从特征入手的途径是不会实现的，除非我们找到从整体入手的法门，这几乎是唯一途径。在整体图式理论看来，人类意识是以大脑和身体为媒介不断构建起来的整体图式库，对机器的训练如果可以从整体出发，激活的可能性就将整体性发生，这会真正突破被输入的训练信息，如同我们看到自己养育的孩子第一次交出令我们惊讶的创作。至于如何才叫"从整体入手"？我目前也没法具体回答，但是有一个不可或缺的变化是：作为计算器语言基础的 0 和 1，需要有新的使用方式，让这些数字信号模拟出整体图式这样的基本运算单位，而不是模拟出一串字符代表的数据。

再多说一句，机器意志真是人类一厢情愿的发明物。"意志"这个词，和人类语言里的大部分语词一样，无法被赋予一个足够准确的内涵，这是语言作为整体图式激活线索的天然特征。我们这里说的"意志"，主要是说这个词在相对大范围的人群中，激活的相对集中的那些整体图式（这也是语词在表意时的基本原理），也就是常识层面的含义。这个过程虽然没有明确的边界，却有一个由"核心—边缘"确定的大致范围，这是整体图式的特点，也可以说是人类意识的特征之一——涟漪有投下石子的核心和无限拓展的边缘。

回到"意志"这个含义，机器的意志如何体现呢？想象一个不用吃饭，只用充电，钢筋铁骨，可以随意更换零部件的"赛博人类"好了，他的意志会是什么呢？此时此刻我也无法回答这个问题，我唯一知道的是，普通的地球人类和地球赛博人类有看似共同的环境和截然不同的身体，这种同与不同的相遇，超出任何一方的单独想象。还有一个重要的、容易引起混乱的变量是，这个赛博人类由谁创造出来？是人类自己吗？还记得关于创造的整体图式的一致性吗？如果人类是造物主，其赛博产物和人类自身的相似程度一定不会低。

情绪与情感

"缺席已久"的重要在场。

西方哲学的传统毫无疑问地从古希腊而来，古希腊在源头上就抛弃了情绪与情感，主张以理性为工具，单边直插去理解世界的核心，于是有了数学这种理性之集大成者，但数学并非自然科学。后来的哲学脉络以及再后来的科学脉络，都无一例外带着这种先天的气质一路走来。到了 20 世纪初，情绪与情感都开始诉诸理性的分析方式——现代心理学诞生了。心理测量、精神动力学、行为训练、条件反射……听听这些词汇就知道，这是用当时盛极一时的物理学方法论来面对人的意识与心理。至于弗洛伊德理论的凌空乍现和余音绕梁，就像他本人在诺贝尔奖评选中的遭遇一样，颇具反讽性与戏剧性：在多次被提名诺贝尔生理学或医学奖之后，又被提名诺贝尔文学奖，但最终一无所获。

　　不用借助任何高深的理论和研究，每个人都知道，人面对世界的每时每刻，都不可能抛弃情绪与情感，真实的个人世界不接受"感受真空"。像几何学创造的平行线和等边三角形在自然界中从来不存在一样，人们描绘的人类看待世界的某些方式也是自然界里从来不存在的，但这样的特征恰恰是思维或者意识高于存在之处。也正是这种"高于"或者"不同"，才让意识构建的世界里有平行线和俄狄浦斯情结这类内容。更重要的是，意识中的这类内容是可以对存在产生影响的，通过实践，人类才创造了那些取材于自然却完全不同于自然的一切，比如屹立千年的桥梁和腾空而起的宇宙飞船。

回到这个章节最初的话题，情绪与情感这个人类世界的常见组成部分，在理性大厦的构建中，成了"缺席已久"的重要在场。整体图式理论的整体性的一个重要维度就是强调情绪与情感的作用。简单来讲，感受自始至终参与意识的构建过程。在意识构建的影响因素中，对"好的"感受的趋从或偏好是非常重要的因素。

回到几何学中等边三角形和平行线的例子，用整体图式理论重新理解就是，人的意识之所以可以创造出自然界中并不存在的等边三角形，恰恰是因为人们在感知自然界真实存在的、近似的等边三角形形状的时候，因为"相等和平衡"带来的感受上的舒适，才在意识中创造了完全相等和完全平衡的三角形，这个整体图式是意识的主观感受中"最舒服的"极致状态。

人类的意识如何创造出自然界根本不存在的完美整体图式？因为平衡而无瑕疵的整体图式让人们最舒服，意识一定会趋向积极的体验而去构建与外界事物对应的整体图式。这样看来，所谓绝对的理性，恰恰是对"好的"感受的绝对追求，哪怕这些并不是人们亲眼所见、亲耳所闻或者亲手所触，也要在头脑中创造出来。

　　再来看看"对的理论一定是简洁的、明了的、美的"等通识。人们的理性思考恰恰是被感受驱动的，这二者是不可分的，是以整体图式的方式一同出现的。"缺席已久"的重要在场其实一直都在场，从未缺席过。

回到核心

做了那么多的铺垫，我终于可以开始
做直接的自我介绍了。

说到这里，我并不知道，以语言为线索在读者的意识中激活的整体图式是怎样的，是不是如我写下这些时希望的那般，也许我永远都不得而知。不过，有一点可以肯定，一定有相近的内容被激活和参与后续整体图式的相互加工，这也是这个关于整体的故事的重要目的：在历史的湖面上投下一颗石子，一颗带着一位微末人类样本的个人意图的石子。

　　每个人的意识都是持续展开的整体图式，整个人类历史也是，或者说整个人类可以感知的历史都是，那么它究竟如何展开？未来又要往哪里去呢？答案是由我们这些石子去共创和共享的。我们这些人类石子在最基本层面上的同源与同构，决定了我们可以互相理解、完成共创和实现共享。

　　我的读者总会问我：什么是整体图式？这是一个颇让我为难的问题。很可笑吧，这是我理论的核心，我却很难为它下个让我满意的定义，但恰恰因为这种为难，反而让我有点满意——它让我知道，我的确在寻找一种突破现有体系的内容，以至于现有的词汇都不能让我足够满意。即便如此，我还是需要在当下流行的语言里努力寻找，这是我唯一的依凭。我想做的是尽量回到简单的语言，使用生活化、朴素、去学术化、去流行化的语言，用这样的语言讲述我的故事。越是专有或者时髦的语词，越是会附加更多含混的内涵，比如"范式""表征"这种词，背后可以勾连起整个当代认知科学体系，而这个体系有时候恰恰是我要颠覆或者扬弃的东西。思想创新的难处之一是语言，不是难在语言的创新，而是难在语言的回归，回归到事物朴素、简单的存在状态上。

什么是整体图式呢？再难，我也要回答这个问题。回到这个关于整体的故事，让我不厌其烦地再次描绘我投下的这颗小石子。

首先，我们来看"整体"二字，它有多重含义。就内容而言，它包括狭义的信息的整体性，即时的行为和情绪体验的整体性、肢体、器官与神经递质的整体性，以及由这些组成的人类意识与外在环境（以及可能存在的其他人）之间的整体性。其实，这个整体性依然可以拓展下去，比如亲子代际之间的（纵向时间）以及一个民族、社群之间的（横向范围）整体性。

"整体"一方面强调"全部内容"的在场和参与，另一方面则强调其不可分。后者可以简单地理解为，整体并不是将特征通过关系组成在一起，而是一个最基本的单位，这二者缺一不可，都是"整体"二字的核心。整体是如何实现的？独立个体的诸多

"整体"和生存中的一切"遭遇"，都受其意识的统辖，自然所有的、最广泛意义上的行为都与其意识是统一的整体；扩大到整个人类，由于人类的生活环境（地球的物理、化学属性）与意识的物质基础（人类的脑与身体）是同构的，所以越是基础部分的构建越是相同，个体的行为内容可以直接（人与人面对面地互动）或间接地（通过可以流传下来的文化创造物）被其他个体（其他意识主体）理解，也就是激活他人或后代相应的整体图式，从而完成他们之间的一致性，形成他们之间的"整体"。

其次，来看看"图式"。图式的核心含义是指在意识构建过程中，在意识中存在的内容不是自然世界的图像翻拍、声音记录或者文字记载，而是一种介于抽象和具体之间的信息呈现形式，即图式。举个例子，当人们看到苹果或者听到"苹果"这个词时，意识中出现的内容可能不是具体的某个苹果（即便出现具体的时间、地点、人物，也不会完全浮现当初那个苹果的样子或细节，甚至可以说，我们从来都没能够在意识中完全记录当初那个苹果的全部特征），而是苹果的形状、颜色、气味，甚至是与苹果有关的故事、经历、感情等，都会涌现出来。这些既具体又无法真正聚焦到某时某刻的某个现场的内容呈现方式，我把它叫作"图式"。图式是超越听觉、视觉、嗅觉等单一信息通道的综合却不可分割的形式。

整体图式理论的基本立足点是，意识的组成单位是一个连一个的整体图式，它们是不可分的，包含每一个整体图式在被构建时拥有的整体内容，同时以一种介于抽象和具体之间的图式的方式组织起来。整体图式是意识的基本单位和唯一单位。

与其他意识理论相比，整体图式理论的一个特点是，让行为和主观感受（也可以狭义地称为"情绪"）参与意识内容的核心构建。流行的意识理论大多脱胎于西方哲学，西方哲学又毫无疑问地脱胎于古希腊人的思维方式，也就是我们今天耳熟能详的理性思维。理性思维虽然不倡导完全摒弃情绪的参与，但其核心诉求是还原客观事实，也就暗示着要摒除主观体验、情绪、人为干预等因素，而还原客观事实在我看来只是意识中被激活的一个整体图式，并不存在这个整体图式向人们暗示的"你必须抽丝剥茧，去伪存真，穿过现象抵达本质"的过程。西方哲学发展到现象学以后，也开始直接面对"还原客观事实"这件事的可能性和必要性。

不用学习哲学，稍微回忆一下我们自己的生活经验就会知道，对于人的意识，努力、尽力去还原客观事实的过程，尤其是要摒除情感体验，是多么不自然，多么不符合人类意识本身的"客观事实"——人类意识无时无刻不包裹在情感体验之中。在整体图式理论中，情绪、情感虽然只是蕴含其中的内容，但其不可分决定了不存在剥离情绪与情感的过程，对意识的讨论和关照始终要携带着情绪与情感一同进行。

我们必须在新的关于意识的理论中，好好讲清楚情绪与情感如何参与意识，又如何起到极为重要的作用。并且，作为整体图式中从不会缺席的重要在场，情绪、情感体验本身有重要的参与激活与构建的作用，这些绝不亚于任何其他类型的信息所起的作用。

举个娱乐点的例子，在我看来，数学公式之所以在我们的意识中激活"完美""平衡""刚刚好""确定"等整体图式，恰恰是因为这些整体图式中包含让我们觉得身心舒服和愉快的情绪，它们让我们笃信，数学公式是正确的，是解释世界的完美途径，因而才有"数学之美"这样的词语问世。

遥远的相似性

"人世间最让你感动的是什么？"

"遥远的相似性。"

意识世界是每个意识主体构建出来的，构建古往今来的全人类有非常类似的起点——人体的感官机能和地球／地域的物理、化学属性。这个构建过程使用的元素并非狭义概念上的特征，而是一个又一个不可分割的整体图式，这些整体图式包含外部事物信息、意识主体的身体状态以及主观体验。这些不可分的整体图式的录入、形成、激活、重构等的流动或者涟漪过程就是意识本身，而且是最大范围的意识本身，包含潜意识、无意识、梦境以及群体共有的基本认识（集体潜意识）等等。

意识的构建过程同时也是意识主体与环境的互动过程，当前话语中与之最接近的词是"实践"，意识主体通过实践，除了构建意识的内容——整体图式库以外，还实现了意识主体与外在环境（以及他人）的一致性和整体性，也就是一般意义上的"思想改造世界"的过程和结果。

很多人都熟悉霍金的那句名言，可以算作他著作里最浪漫的语句——《卫报》记者问他："人世间最让你感动的是什么？"霍金认真思考后回答："遥远的相似性。"

遥远的相似性，也是整体图式让我感动的原因。

下 篇
整体图式何用

精彩绝伦的日常

人类的沟通

每一次沟通，双方都是带着属于自己的全部生命历程登场的。

沟通，呈现出来的是部分信息，传达的却是整个整体图式。呈现出来的信息是通过语言（语词、语气、语调、节奏等）和身体完成的，这个过程中的整体性体现为意识主体意识中整体图式的整体性、意识主体的身心整体性，以及意识主体与周围环境的互动的整体性。沟通即意识主体之间相互交换并试图较大程度地共享这些整体图式的过程。心理学里常提到的"同理心"就是最大程度地获取讲述者讲述时的整体图式，并且传达这种"成功获取"的结果。

众所周知，沟通中肢体、情绪的重要性远远超过语言本身，因为在整体的信息交换中，这些外在可以"看见"的信息对于激活接收者整体图式的作用，远超过作为语言线索所起的作用。不过，个体的偏好差异也存在于不同的激活线索之间，有些人更偏好"听见"而非"看见"，有些则相反。其实，对哪种通道的偏好也是激活了不同的整体图式。

所谓"高情商"是指一个意识主体能高效地理解他人意识中的整体图式，并且选择合适的方式回应。高情商的一个显而易见的特征是听见弦外之音，领会话外之意，这些弦外之音与话外之意本不是"外"，它们恰恰是表达者意识中整体图式的重要组成部分。

人与人之间通过沟通而互相理解到底难不难？发生在意识主体之间的沟通，可以呈现出来的只有特征，试图传递和交换的却是各自意识中一个个完整的整体图式。同样的特征在不同的意识主体中能够激活的整体图式既有共性也有独特性，这是交流顺畅与否的关键所在。往小了说，人际互动的成败与此有关；往大了说，跨文化的融合也不外乎这件事。

我们来看几个有趣的例子。感同身受如何发生？因为我们共享着几乎相同的原初整体图式，基本的情绪体验根植于最原始的整体图式加工过程，这些内容几乎是全人类共享的。当一个意识主体通过五感去获取另一个意识主体传递的信息时，同构的行为—感受激活了同构的整体图式。"同在感"可以看作两个人高度共享、可传递的信息，比如语言、肢体、行为以及其他生理特征，并借助这些特征在各自的意识里，借由人类意识的同构性激活相似的整体图式，从而实现感同身受。

看个有趣的例子，人们会在动物、玩偶、图像、画面，甚至自然界的花草树木和山川河流身上，体会到"它们"或悲伤或喜悦的情绪。其实只是一些看上去或者听上去的特征，对我们人类来说意味着悲伤或者喜悦而已。所以有"感时花溅泪，恨别鸟惊心"，花和鸟的体验是什么，我们无从知晓，我们只是通过看到、听到的信息调动自己的整体图式——我们感时会落泪，我们恨时会惊心。

自由联想作为精神分析流派创立早期顶门立户的技能，当然也饱受争议。分析师呈现一个信息（词语或图片，以听觉或视觉的方式），要求来访者尽快说出他头脑中浮现的词语或描述。自由联想的过程，就是来访者在竭力地展现他的整体图式的激活过程；早期的精神分析师通过"同在"的激活以及观察，去发现这些整体图式的激活过程都包含哪些能量，也就是那些蕴含着影响因素的其他整体图式。自由联想的词汇用一种看似无关，实际却很直接的方式揭示来访者真实的意识状态（以及部分潜意识状态），分析师试图探索的是来访者作为意识主体所呈现的完整的"存在"。

感同身受和高度同在都是心理咨询的核心技能，脱离这种特殊情境，日常生活中最常见的应用就是倾听，倾听有时候被认为是人与人交流中最有价值的行为之一。有了对感同身受和自由联想的理解，倾听也就比较好理解了。倾听就是听整体图式，而不仅仅听表面的言语信息；当你可以捕捉并反馈表达者的整体图式，表达者就会有被倾听的体验。

我们再看一个关于关系的例子。在心理咨询领域，关于关系的议题是最常见的。无论是亲子关系还是亲密关系，越亲近的关系就越会遇到棘手的问题。无须借由咨询师，我们每个人都会在关系中经历大量与沟通有关的情景。"我就是个没用的人"，当听到有人在你面前讲这句话的时候，你的感受是什么？一个陌生的路人说这句话，和我们的父母、密友、爱人、孩子说这句话的时候，我们的感受有什么不同？

亲密关系中的双方或几方在很大程度上共享着各自的整体图式，当一方展现出"受害者/失败者"的特征时，在一同被激活并被对方共享的整体图式中，一定同时包含着"受害者"与"加害者"，对方就自然而然地被放进"加害者"的角色，使整体图式得以完整。这就是为什么一些人在自我伤害之后，会将"凶器"交到对方手中，此时对方的体验是一种无法言说的惊恐、委屈与压抑。关系中的一方通过展现出来的信息，激活了双方达成共识的整体图式，另一方自然"就位"于为他设定好的角色，这个过程往往是由"被害者"发起，邀请（一般情况下）无辜的"加害者"加入而形成的。被"就位"的一方因此感受到强加角色引发的巨大的愤怒——否认自己的"加害者"身份，但是往往找不到更合适的"加害者"，因为这原本就是"受害者"自己做的局。

当一方说"我就是个没用的人"的时候，听的人因为这句话（以及相应的语气、行为特征等）感受到的是，自己是指责对方是"没用的人"的那个"加害者"，所以会去反驳"我从来没说过你是没用的"，而不太会说"你不是没用的人"。被整体图式带入角色的人，反驳的是自己被带入的身份，而非某个具体事实。另一种情况更加隐蔽，当"受害者"激活整体图式后，另一方没有察觉或者起码没有反抗这个整体图式，接下来他的行为就会共同促成整体图式的完成，也就是真正将对方看成"没用的人"，并以此为依据采取行动，完成"受害者"与"加害者"之间的整体性，这个过程就是心理咨询中经常出现的现象——投射性认同。

越是亲近的关系，因为共同构建的整体图式库相似程度较高，就越容易达成认同的效果。不过，需要注意的是，越是靠近原初的整体图式，就越体现同构性，也越容易在非共同构建的关系里迅速引起共鸣。个体差异决定了有些人更擅长接收他人通过"片段"传递的整体图式，快速将自己一同放入这些整体图式中，他们就是人们常说的"容易受别人影响"的人。

沟通共享的是整体图式，落实到行动上后，事情会更加复杂。毕竟态度是一件事，行动是另外一件。越过特征直接关注整体，也许会让我们百思不得其解时忽然豁然开朗。众所周知，让人们描述对待某件事的态度和让他们真正去做这件事，其结果往往会有天壤之别。这天壤之别是怎么产生的？因为它们本来就是完全不同的整体图式啊，一个是回答问题，一个是具体行动，千万不要因为它们好像都围绕着相同的特征而被迷惑，这种相同在整体图式层面也许并不作数。

让我们看看社会科学的常用研究工具——自陈问卷。自陈问卷让人们回答印在纸上或者显示在屏幕上的文字问题……填写自陈问卷的过程是作答的环境（在研究现场、街道上、群体集会上，等等）和问卷题目中的文字在作答者的意识里激活整体图式，作答者为自己被激活的整体图式做了一个经过判断最合理（依然只是整体图式）的选择。当真正的情境发生，当事人在场时被激活的整体图式与填写时有多少不同，其真正的行为就会有多少不同。人们回答文字问题和身处真实情境相比，完完全全是两回事。自陈问卷这种研究方法以特征（文字描绘的、假设会发生的情境）的相同性，来推导人们从态度到行动的一致性，这种完全不从整体出发的做法，势必导致一致性推测的失准。

我想补充的是，让我们回到整体的视角，那些通过回答文字问题激活的整体图式，也会进入意识的整体图式库中，并给或远或近将要发生的真实情境带来影响。这就是说，并非问卷调查反映了人们的真实态度，恰恰相反，是问卷调查的内容影响了人们后来的行为。如果问卷调查可以如此理解，占卜、算命何尝不是一种创造未来的"共谋"？

占卜　　用特定的手段和征兆推断未来的吉凶祸福的过程。占卜是披着预测外衣的督促，灵验的占卜都需要事主竭力配合行动才能实现预言。越是看不清前路的时候越需要占卜，占卜可以带来行动的勇气，比如在当下的时代。

——作者注

流行文化

看央视六台《流金岁月》栏目的观众，和在哔哩哔哩网站上流连的观众，真有那么大的差异吗？他们也许是在寻找同款"熟悉感"。

文化是一个超大范围的整体图式，随着地域和代际的变化，流行文化的内涵发生着连续又有差异的整体图式迭代。同样是关于复仇的主题，看看文化领域里流传的经典文本，可以发现整体图式迭代的精彩过程。

面对复仇，"隐忍""君子报仇十年不晚"曾经是一种美德，这些都在当时的高尚品德列表中排名靠前。再看看近年来的变化，在时下流行的复仇主题文本中，"爽文"所占比例越来越高。爽文，一种常见网络文学类型，特点是主角从开头到结尾都顺风顺水，升级神速，几乎不会遇到阻碍，直到通关。别说"隐忍"和"十年不晚"，互联网"嘴替"们一分钟都不能等，直接回怼才是流量密码。这是创作者的偏好还是读者的偏好？这二者原本就是一个整体，它们一同展现时下流行文化的喜好。"爽文"之所以爽，是因为当代年轻读者推崇以牙还牙、以血还血的简单公平和无所顾忌。吊诡的是，这种简单公平和无所顾忌恰恰是这个时代的真实环境中最缺乏的体验之一。

不同代际的人认同的东西表面上看是那么不同，但是把它们放到更大的环境中，就知道那些都是意识主体认为的"好的"事情，也是时下流行文化中"好的"标准。这些表面内容作为特征，会激活意识主体关于"好的"的整体图式，使得意识主体与其所认为"好的"整体图式在一起，体会到这是无比正确的价值选择。这些特征乍一看大相径庭，却起着相同的作用——激活不同情境下人们认为的正确的事。

嘴替　嘴巴的替身，互联网俚语，指替大多数人表达心声的人。一般都会因为将自己说不清楚的事说清楚而给人带来爽快感。

——作者注

言传身教

人类思维的伟大发明之一——
说"不"。

又一次说起这个"倒霉蛋"——语言。语言作为沟通的最常用手段，当然从来没有缺席过上述沟通的复杂而微妙的过程。"别让孩子输在起跑线上"，这句话为什么那么遭人憎恶？是因为这句话在大多数人的意识中，首先会激活关于失败的整体图式，使意识瞬间被失败的整体图式占领，它可能是焦虑的感受、走投无路的窘境、被人群抛弃的画面，等等。总之，都与胜利没有关系。

否定词是无辜的，甚至是无用的，作为对整体图式的激活，否定词不会影响它否定的内容被激活的过程。不要去想一头大象！不要去想一头大象！不要去想一头大象！肯定都在想大象了。否定词是人类的伟大发明，是人类大脑和思维上升台阶的标志。自然界是没有否定词和否定现象的。大自然里充满了"是"和"有"，人类通过这些，自己创造了"否"和"无"，但"否"和"无"是没法脱离要否定的内容而单独存在的。你要否定的事，一定就在附近徘徊。在沟通中使用否定词，要留心它可能有适得其反的效果。

所有聚焦风险的"善意提醒"都有点费力不讨好，不断地强调风险和那些竭力去避免的失败，其效果很可能是相反的。意识中不停被激活的"失败"的整体图式虽然不至于一定让人把事情搞砸，但总会影响事情的走向，或者说，总会被意识主体作为整体性的一部分而实现。从这个角度来看，成功和失败都是意识主体创造的结果。虽然不是意识主体凭一己之力凭空创造的，但其作用功不可没。整体图式的整体性决定了成功和失败注定形影不离，一个在场，另一个肯定不远。这并不会把整体图式的激活过程带入"正反皆可"的不可知状态，恰恰只有在这里，才有机会改变或者影响整体图式的走向。

如何影响和改变呢？整体图式库里哪种类型的整体图式更多，自然就会被哪种类型的整体图式更多地控制走向。举个例子，第一次经历失败体验的孩子，无论是哪种失败——可能是张开嘴没喝到奶，或者是哭了半天也没能让自己尿湿的下半身好受点，在失败体验被激活的时候，如果他的整体图式库中有更多积极的整体图式，例如，遇到阻碍时凭借肢体动作成功克服了阻碍（此时此刻，在他的整体图式库中，关于成功的经验只有凭借肢体去完成简单的动作这些寥寥可数的内容），或者更多关于稳定、连续、流畅的整体图式，这个幼小的意识主体就会将这次失败的感受和某种努力（以及背后的可以成功）整合为同一个整体图式，他就会多了"遇到失败要积极、努力应对"的整体图式。同样，这个新的整体图式将继续丰富积极的整体图式库。

相反，消极的内容如果很多，或者强度很大（通常，消极整体图式带来的负面情绪会是更强烈的体验），它们经常参与新的整体图式构建过程的话，可想而知，意识主体的体验和感受将是完全不同的。戴着"失败者"的滤镜看世界，会很难看到成功。

中国古语说"三岁看老"，这不是什么宿命论的假设，仅仅是因为生命早期的这些整体图式总是影响着后续的成长过程。三岁之前，对孩子有更多的关爱和耐心，是在为其一生做一件事半功倍的事。

多说一句家庭教育的话题。养育者的言传身教的作用是被大家公认的，孩子听到、看到、学到、注入到正在形成的整体图式库中的东西，从来不是单纯的语言信息，而是养育者在每个瞬间传递出的整体图式，这些就是养育者的整个意识。养育和教育孩子不是通过传授技能和知识实现的，而是通过养育者的整个生命达成的。这是另一种整体，亲子代际之间成为一个整体，在我看来这是遗传更直接的体现。

家庭教育是通过生命影响生命完成的，父母能为下一代准备的最好的教育资源是"你是如何做自己的"。先做自己，再做父母。如果只做父母，被养育的下一代也只能或只会做子女，一直没法成长为一个完整而崭新的人。

在养育过程中，亲子共同构建的图式不是"父母与子女"，而是"生命与生命"，或者"人与人"。

精神操纵

我们可以凭借什么看穿那些精心编织
的"真实"呢？

和屡屡失败的下一代教育相比，屡屡得手的电信诈骗可以说是深得整体图式的"真传"。利用声、光、电、剧本台词、时间卡位等全方位手段，在被骗者意识中成功激活一个活灵活现的恐怖故事，还"邀请"被骗者参与勾勒——亲手激活一个完整的整体图式，共同点是故事过程都引发紧张情绪，故事结局都是关于钱的。这也是为什么绝大多数被骗者在汇款之后的一刹那，就会发现自己被骗的事实。

　　在诈骗者精心布置、激活的整体图式里，是没有质疑的空间和时间的，意识主体会认为一切都"合情合理""局势紧迫"。一旦结束了这个整体的故事，才会回到原有的思维方式中，回到一个正常人正常的待机整体图式中，那里才有足够的理性去思考来龙去脉。这当中还是要再次强调情绪的作用，被骗者会在汇款之后第一时间激活"问题已被解决"的整体图式，感受到随之而来的如释重负感。紧张情绪消除后，正常的理性分析和判断回归，就会瞬间得出被骗的结论。

　　通过适当的线索，精准地激活整体图式，尤其是那些包含着强烈情绪（负面情绪通常更加强烈）的整体图式，几乎是全部精神操纵的共用套路，电信诈骗如此，邪教大师也如此。这么看来，"我，秦始皇，有资产冻结，打钱帮我解冻"，这种诈骗手段在激活整体图式方面所做的努力，就非常没有诚意了。骗子是善用线索的，线索的作用在于激活一个受骗者亲手编织的整体图式，恰恰是"亲手"推理和编织的，才让他深信不疑。这也很好理解，为什么我们听到别人的故事总是会发出"这也能信？"的不屑感叹，从整体图式的角度来看，表面信息仅仅是一部分内容，被引导激活整体图式的过程才是被骗的关键。

这么说来，防骗指南第一条应该是什么？除了基本的生活常识以外，还有一件重要的事是识别和管理自己的情绪，意识到紧张情绪混淆视听的作用。如何第一时间识别、控制以及管理自己的紧张情绪呢？答案是：放弃吧，这几乎是不可能的，可以控制的还叫什么"紧张情绪"？这个任务只能交给别人，一个你信得过的人，有时候听他的比听你自己的更安全、更真实，希望每个人都在生活中拥有这样的角色。也许一个旋转不停的陀螺，也能成为可以拉自己一把的外力。

旋转的陀螺　克里斯托弗·诺兰执导的电影《盗梦空间》中的经典道具，用来帮助男主角分辨梦境与现实。很多时候，人的确需要由他人或外在的事物帮助自己确定真实与否。

——作者注

颜即正义

美是特权。

美几乎可以打败一切，因为美在意识中激活的整体图式，是接收信息者脑中最好的内应。一个美人，在观看者意识中激活的关于美好的整体图式，会影响对这个人的其他评价，真是"怎么看怎么美""看什么什么美"，不可避免地会夸大这个人在其他领域的表现和能力，也就是具有晕轮效应。令人遗憾的是，丑也一样。当然，这里的美不单单指五官的精致程度，而是指最宽泛的、让人觉得愉快的感官体验。一张美的图片，依据同样的道理，甚至可以掩盖其信息传递上的槽点——PPT做漂亮点，无疑将增加垃圾提案的通过概率。

美和美好激活的整体图式，将自然而然地进入对内容的感知、判断和评价中，此时原本客观的内容会获得积极、正向的整体图式的加持——漂亮的废话好像也没那么废。不过，根据整体性的特征，第一时间在场的一定也有那些关于美的负面的老生常谈——关于嫉妒、花瓶、中看不中用、价值公平等，再一次证明美与丑同在。

到底什么是美呢？人们如何在整体图式中体会到美和美好

呢？这里我就不长篇大论地表达了，我只说一点，回到意识的最初，美好一定跟诸如"色彩""流畅""平衡""温暖""力量"等整体图式的最初构建有深深的关联。

羊大为美　《说文解字》中对"美"的解释。

——作者注

粉丝福利

如果你狂热地喜欢什么事，这件事应
该就是你的避风港或者麻醉剂。

粉丝文化，是近年来流行文化中突起的一支异军。亲妈、锁场、控评、塌房……这些初级的粉丝黑话很多人可能听不懂，但只要稍加留意，就会知道粉丝的行为有多么疯狂。

　　在粉丝的意识中，偶像完美光环激活的那些整体图式，简直好过一切世间福利。为偶像"打call"的时候，粉丝的整个意识都沉浸在偶像"完美人设"的世界中；"磕CP"时那些甜到发齁的爱情，比自己谈恋爱可愉快多了。由自己参与创造的美好的整体图式，会取代真实生活里的琐碎日常，瞬间将粉丝带进满是粉红泡泡的天地里；反过来，在游戏中大肆杀戮，暴力的整体图式的激活和释放也是真实的。马里奥赛车开多了，真的想在马路上直接飞起来……我们在"想象即真实"的话题里会再说到跟粉丝有关的故事。

表情包走红

想要传情达意？精挑细选一个表情包吧。想要俘获人心？那就生动地描述一幅关于未来的图画。

各位资深网民："狗头"这个表情是什么意思？要说清楚难不难？在网络聊天中，众所周知，表情包比文字好用。哪怕不是"斗图"，日常沟通中用表情包来传情达意也更加生动、有效。

对于想要表达的整体图式，表情包使用"直接组合的视觉线索"给出更多、更直接的信息，更生动地传达沟通目的。什么是"直接组合的视觉线索"？记得那只"愁眉不展的小猫"吗？表情包上的文字是"满脸写着高兴"，这就是直接组合的视觉线索，把那种无法言说又要你懂的感觉"直给"出来。为什么表情包总让人心领神会？心领神会就是各种通道的信息直接汇聚，最大程度地传达想要表达的整体图式，这个过程仅靠语言是不够的。

还有"笑到头掉"的表情包，大家都知道好笑、笑掉大牙、笑掉下巴等表情，这些都是来自实例的比喻或者概括，但大家都肯定没看到过笑到"头掉"吧？搭配在一起时，为什么起到的作用是心领神会，而不是感觉很奇怪、诡异呢？因为其背后激活的整体图式是流畅的，牙掉、下巴掉、头掉……代表了程度加深、越来越剧烈等，情绪体验一脉相承，这完全不用依赖是否亲眼所见或者是否实际可信（还记得"和谐大于真实"吧）。

这种表达强烈情绪的说法，可以视为主动地将特征升级或组合。没人真正见过因为搞笑而"头掉"，但这个整体图式有效地激活"程度深、严重、夸张、升级"等意思，完美诠释了一个比"笑掉大牙"更好笑的情景。类似的例子还有从"恳求"到"跪求""太平洋裸泳求"系列，从来没有"太平洋裸泳求"等相关实例，但这些内容强调的是夸张程度，无论用来修饰什么，都会自然地让人感知到对这些动作的夸张强调。

类似的毫无违和感的"组装"例子还有很多，其背后都是两种不违和的整体图式的直接组合，而不是在硬凑特征。比如"杠精"这个词。大家都理解什么是抬杠，以及说什么东西成"精"了——背后有着丰富的内涵，如技能高超、修炼多年、时时刻刻展现不容小觑的实力等，组合在一起，一个在抬杠方面有这些不俗实力和道行，好像又不太干什么好事（"精"一般还是邪魔外道的代表）的形象跃然纸上。最近的一个这类出神入化的应用是"赢麻了"（赢太多了），什么事做多了，都会"麻"的，这个道理，每条大腿都懂。

表情包是一个涵盖核心观点（体验）的整体图式梗概，第一时间传达感受的核心内容，力求准确无误地击中交流者想要共享的信息与情绪，也就是整体图式，起到瞬间直击核心的效果。通常情况下，引起深入、广泛共鸣的言论，也都有强烈的画面感，这些激活的画面是通过整体图式参与表达的。

葡萄酒品鉴

用语言准确描述味觉？那真是"有苦说不出"!

人们几乎公认，味觉是最难用语言描述的，但需要描述味觉的情境又那么常见，最直观的就是那些"我太难了"的品酒师。在葡萄酒品鉴领域，品酒词的花哨程度往往会超出入门小白的想象——"快来啊，我在喝星星！""你到底在喝什么？"

在"直接派"品酒师看来，葡萄酒作为一种饮品，当然应该展示其包含的食物的味道，以此作为媒介来描述葡萄酒的味道。这的确最为直接，不过，请别忘了，各种食物的味道一样需要通过亲自尝试才能录入信息——"要知道苹果的味道，一定需要咬一口"。

至于"间接派"品酒师，就很文艺了，他们试图用非常文学化的语言来描绘一款酒。虽然没有达到"喝星星"的高度，但也已经出现"矿石气息""老藤氛围""皮革感"这样的话语。通过这样的话语激活的整体图式涉及人们常识中蕴含的"动物""泥土""年代""稳定"等类内容，这些都对味觉感官有所影响，通过整体图式的增加，慢慢固化成一种行业领域内的通用描述。至于"喝星星"，道理是一样的，更遥远的整体图式涟漪被激活，

它们一定有某种相似性。

　　类似的领域还有玄之又玄的分支——调香。关于前调、中调、后调的那些描述，的确只能说给有一定想象力的人听。

五光十色的创造

想象

想象即真实。想象带来的真实影响，
有时候超出我们的想象。

在中国人朴素的观念里，一直都认同长见识对人的成长的重要作用。所谓"长见识"就是录入丰富、大量的整体图式，不断修葺和拓展意识的整体图式库，以增加新的内容和翻新原来的内容。对于这种"见识"的录入，亲临现场当然是重要和特殊的，也是无法被替代的，但不应该低估的还有阅读——文字对整体图式的激活作用，以及想象——通过文字激活产生的整体图式层面的主动创造，这些都和亲临现场一样，可以丰富内心。读万卷书和行万里路，对人生的重要作用就源于此。

　　想象的作用在运动员的训练生涯里有更明显的体现。对新动作的持续的信息输入和练习，包括肢体行为和认知两个层面。在刻意的动作练习之后，意识持续地做一件事：运用整体图式库，整合、修葺和统筹这些新输入的内容。反复地学习和练习一个投篮动作后，意识中关于准确、流畅、省力、控制等的整体图式都会被激活，它们会参与调整那些新进来的关于投篮的整体图式。等下次再需要依据这些整体图式指导动作的时候，你会发现，即使未身在练习场地，你也在意识中持续地学习和进步，这就是意

识的神奇之处，也是学习过程的神奇之处。主动的想象练习，一定会为肢体技能成绩的提高带来积极影响，但是实际的场地练习能激活的整体图式的丰富程度还是远胜于想象——想是有用的，光想则作用有限。同样的道理，持续地观察成功图像，比如出色的投篮视频等，也会起到不停加固新录入的整体图式的积极作用。

如果说连续动作训练之后的空白是留给意识组织和协调出最和谐、有效的组合，那么精神集中地在头脑中描绘完美动作就是在强化录入完美的整体图式，这个完美的整体图式必将影响后续的动作。更进一步，完美动作的整体图式中有一个非常特别且重要的内容：关注目标成功的状态，而非具体的动作过程，这无疑会带来更高的训练效率。多去注意球是如何进入篮筐的，别多看手腕的角度。

强调目标而非路径，对行动的指导反而更有效。聚焦目标使得意识中整体图式的持续调整具有统一的方向，这会带来更多的收获。意识是整体的，远非标准化地完全复制每一个信息特征；想通过完全清晰、准确地复制每个动作达到目标的做法，几乎是缘木求鱼。模仿在最初建立新的整体图式的时候，确实是有用的，但在需要提高训练效率和创新的时候，单纯模仿动作细节效果就不大了。这再一次印证了从特征出发对事物进展的认识仅仅是一种视角，别忘了还有从整体出发的那些。

认知心理学里关于特征漂移的论证和实验都精彩绝伦，最简单的例子是，在满是"O"的图案里找到混进去的"Q"，要比在满是"Q"的图案里找到混进去的"O"简单很多，这是为什么呢？因为意识对信息的加工是整体的，前者只需判断有无"小尾巴"这个特征，后者要一一核对有谁少了个"小尾巴"。我想说的是，在整体图式中，特征都是被整体加工的，它们的漂移过程从来没有停止过，正是通过这样的漂移，才实现了对整体图式的修葺、调整、创造的过程。在一个动作技能的学习和练习中，意识将不可避免地激活关于流畅的整体图式，那些最初来自对水流、鱼游的感知的整体图式始终在相互激发，让动作本身越来越和谐，就像中国功夫里经常出现的一个形容词——行云流水。

描述具体的目标，会激活具体的整体图式，随之也会激活到达路径的内容，两相结合才是达成目的的手段。反之，如果目标是模糊不清的或者不被接受、认同的，激活的整体图式里会包含着怀疑和虚假，它们也必将参与路径的实现过程，到时候就会发生各种尴尬的事。目标和路径之间的相辅相成作用是众所周知的，非要分出胜负的话，目标比路径更该得到重视。

说起想象的真实作用，还有一个奇异而贴合的例子——宗教的观想。拿佛教举例，整个修行过程可以被看作不断发掘新的意识状态的过程，或者是训练使用意识的力量的过程。亲身体会过观想的人们不难发现，当全身心聚焦于想象的时候，那时那刻就是全部天地，这个过程带来的持久作用可不止打坐这一刻。

观看

当你凝视深渊时，深渊也凝视你。你
是怎么确定深渊是否在凝视你的？

观看，是这世上最神奇的过程之一。长时间的驻足观看，让看和被看互相成为主客体，最终又融为一体。

　　齐白石画的虾是如何做到"一落笔让人觉得'满纸皆水'"？

　　约翰·伯格在《观看之道》中对《两大使》的解读，体现了他最想讨论的核心话题：画面如何引导观看者去获得"画"的视角？就连正在欣赏画的人，也是"画"观看的一部分。

　　马克·斯特兰德在《寂静的深度：霍珀画谈》中说，每一幅画都在呈现上建构了一种对观看者的邀约，而这种参与同时也传达了一种阻力，阻止观看者在某处停止，无法继续下去。这段话准确地传达了艺术作品"摆布"观看者的过程。至于这个"摆布"过程是创作者有意为之，还是创作者同样受到某些整体图式的"摆布"而将其呈现出来，邀约观众，请君入瓮？都有可能吧。

　　艺术品呈现在人们眼前时，以一些特征为线索，激活的是用来"摆布"观看过程的一些整体图式，只不过我们无法确定被激活的这个（或者这些）整体图式是不是创作者在创作时想要表达的。按照当下流行的艺术欣赏逻辑，这并不那么重要，观看也是一次再创作。

维特根斯坦说，对无法言说之物，应保持沉默。语言的作用的确是超凡的，但从来不是全部。按照整体图式理论，语言是一种线索，和眼、耳、鼻、舌、身等五感的直接线索作用相同，线索对整体图式的激活作用是一样的，都各自肩负着激活一部分整体图式的作用。意识中总有一些事是不可言说的，还有一些是不能捕捉的，更有甚者是无法触及的，至于看不见、听不到、摸不着的，就更多了。但请不要忘了，只要意识可以说"不……"，一切就变化了：否定词是失效的，要否定的整体图式已经激活，在意识中已经出现，只是意识主体感觉到无法用已知的方法把它表达出来。某种意义上，艺术作品的创作过程很多时候都是在尝试着去表达这样的独特瞬间。

对意识来讲，真正的不存在就是尚未被录入或者已经录入却未被激活的整体图式，它们才是尚未被遇见的，意识是不能对它们进行任何想象（想象也是一种激活，下文会有论述）和判断的。包括上面这句"尚未被录入"的判断，它们在未被激活之前，对意识来讲就是完完全全、彻彻底底地不存在，遑论言说、感知和表达。

中国古典艺术中的常见概念——意境，到底指什么？诸如"孤旅"与"离愁"这类注定无法言说的体验和画面，已经成为艺术创作主攻的目标。或者反过来说，佳作之所以上佳，是因为它说明白了意识中不可言说的内容。为什么中国人读到"小桥流水人家，西风古道瘦马"这种纯白描的景物描写，会涌起思乡的感受？是什么让现代都市人可以在霍珀近乎静物般的街景绘画中感受到强烈的疏离与孤寂？创作者的心（意识）和观看者的心（意识）是同构的，创作者创作时在意识中激活和想要表达的整体图式，都会凝结在作品中，等待它的观看者出现，这些凝结起来的线索激活并传达的整体图式，就从创作者这里流转到观看者那里。

这个流转的过程随时都会发生吗？会不会看不懂或者看错了？就让我们看看这个同构的"心"是怎么产生的。一是人的意识发展最初的脑功能基础和外界环境是同构的，这决定了任何两个人都在一定基础上可以相互理解；二是更多的同构要经过或远或近的意识（整体图式库）的共同构建才能完成。前者是全地球人共享的，后者被我们演绎出特别多的含义，如学习、成长、文化、教育、民族、社会、宗教等。

想象一下，一个10岁的中国小学五年级学生学习新的一课，准备精读"小桥流水人家，西风古道瘦马"，我们可以假设他心中完全没有与"乡愁"这个词有关的内容，但接下来与之有关的各种线索都向这个词涌过来，虽然这些仅仅是语词层面上的线索。无论这个孩子这一课的学习效果如何，我们都有理由想象，他在长大后的某个时刻，会再一次因为丰富的人生际遇重新理解"乡愁"这个词。到了那时，这个词激起的万千感慨会与"小桥流水人家，西风古道瘦马"相遇，这些词汇一起激活和形成更多的整体图式。那些超出语言的部分，直接唤醒感受的效果，就是我们说的"意境"。当年背古诗的孩子用亲身实践理解了个中含义，他也学会"意境"这种通过对客观事物的白描传达感受的表现手法——"而今识尽愁滋味，却道天凉好个秋。"

维特根斯坦 路德维希·约瑟夫·约翰·维特根斯坦，犹太人，哲学家，出生于奥地利，逝世于英国。被英国哲学家罗素称为"完美的天才"。

——作者注

创造

在耳熟能详的世界寻找那个鲜为人知的结果。

创造就是主动产生新的整体图式的过程，但这些新的整体图式只是重组的。重组总是必须使用现有的整体图式，其重组方式也必定需要参照其他整体图式，因为只有这样，创造的产物才能被识别并被认为有效。一个新奇到不与任何已有的整体图式建立连接的创意是不可能存在的，或者说是不能被意识识别到的。所谓的创造，就是主动地使用旧的整体图式去生产新的整体图式。人类的创造力就是一种在有限里追求着无限的过程。

　　这里提一句人工智能生成内容，它会涉及一个问题：机器有创造力吗？这个问题回答起来并不复杂。机器可以一丝不苟、孜孜不倦地在人给它的材料里，用人给它的规则，去组合出所有可能。这两个前提是必备的。这就是机器的创造力，说它有局限性呢，还是优秀呢？如果说那些乏善可陈的结果让人们觉得不过尔尔，那么那些惊鸿一瞥的佳作呢？它源于人类并没有完全理解"自己给出的规则"到底能带来什么样的结果。

　　人类用来创作——重组整体图式的材料和规则，来自意识中的所有经验和经历，但人类目前无法把意识中的全部内容输入机器。同时，也无法穷尽给出的规则究竟会带来什么样的结果。这就形成了人的创造力和机器的创造力的差异，一个边界模糊，一个深不可测，如何比较呢？

AI 绘画　给出词汇或短语，通过人工智能生成绘画作品的技术。如可以试试"印象派，青花瓷"。

——作者注

"整体性"的实践沃土

中国传统文化

我们真该多花点时间去思考中国的传统文化。作为中国人，你即使不思考，也逃不开这个"出厂设置"。

"整体性"是中国传统文化的精髓之一，我作为一个中国人，会在今天讲这么一个关于整体的故事，都是这种文化滋养的结果。

　　古代典籍中的《易经》和《道德经》最为明显，它们处处体现了"将事物放在整体中考虑"的思维特点。如果其他古籍被称为"经典"，那这两部书的确不愧为"原典"。每个人或者每个元素作为整体的一部分（这句话是一种语词的借用，依照整体图式理论，并不存在部分通过关系构成整体这个过程），当它开始以一定面目出现的时候，被激活的是其背后的整体。所以当演化（我所理解的演化就是整体图式相互作用的激活过程）进行一段时间后，最终都会出现那个被激活的整体，也就是古人经常说的"时机成熟"。

　　例如，君君、臣臣、父父、子子，都是互为前提和结果的，不是简单的上下位关系而已。上述四个词的名词和动词的一致性，也从侧面说明了这一含义。以君为君，才得以以臣为臣；父如父般行事，子才如子一般为人。君不是臣的前提，君和臣共同维护了整体和谐、稳定的前提和结果。父与子参考各自的剧本共同维护的是"家"，君与臣各行其是，共同维护的是"天下"。家是爸爸妈妈的，家也是我们的；天下是天子的，也是所有人的。这种互为依存、整体协作的思维是中华传统文化深入而发达的根系，一直滋养着今天的中国人。每当极端情况出现，大多因为君不为君，臣也不再臣服，就需要新的整体去迭代旧的，以整体的方式开合明灭的意图没有变。

至于"贵以贱为本，高以下为基"，与其说是思维的辩证法，不如说这种理论的聚焦点并不在贵贱、高下这种看似不同的特征上，反而在由这两极构成的整体上。

在以《道德经》为典型的帝王学里，教导帝王们追求的东西是"（帝国治理）结构的稳定和永续"，从来不是某个特征的凸显。哪怕是帝王本人，也需要为了"维持稳定和永续的结构"而受到诸多限制。

《道德经》 相传春秋时期老子所著的哲学作品，是道家哲学思想的重要来源，是中华传统思想文化的重要原典。《道德经》五千言，最重要的三个字是：不用力。

——作者注

中医的思维基础

号脉在号什么？号的是心脏动力系统
表现出来的关于身体的整体图式。

一整本《中医理论基础》翻来覆去讲两个字——整体。将人的肌体与神经递质、时节的变换、餐饮、环境和地脉等纳入统一的整体中。"病"的概念是中医首先排除的现代医学理念。"症"仅仅是一种指示，指示着现阶段身心的整体状态。"红光满面"与"气血两虚"都是"症"，也都揭示着身心整体的运转情况。在出手干预的时候，中医大国手的目标也关注整体，为（现代意义上的）病人的意识主体找到一个比现有的更合适的整体图式，这个过程就是中医说的"调理"。

　　中医要向当代西医证明其有效性的确是个不太可能的任务。从一开始，大家用的就不是同一个视角的"导航地图"。这不仅仅是整体视角的问题，还涉及思维方式。中医并不忽视去除病灶，西医也并不切断身体各处的关联，只是大家在归因和干预的方法论上存在更大的差异。当下，中医无论怎样自圆其说，也无法让西医思维先入为主的人们感觉有道理，因为它讲的道理和我们熟悉的道理，不是同一种道理。在两种截然不同的整体图式库里，无法评判对方的好坏，除非我们可以找到"升维"的途径——能将二者整合理解的那个整体图式。

感应思维与逻辑思维

我们对原子深信不疑，对天人感应将信将疑，它们的差别或许仅仅在于，是谁告诉我们的。

"关关雎鸠，在河之洲"是直接可见的，0.618的黄金分割比值却不可见。图像是一种直接的真实，概念却不是，由概念集合而成的理论更不是。概念是一种转译过的图像，虽然它们都以整体图式的方式存在在意识里。

　　回顾文字的历史，象形文字的发展历程和拼音文字的发展历程截然不同。甲骨文的象形、形声、会意，本就包含直接的整体图式信息。使用这种文字的成员一定会一脉相承地发展出与直接的图像有关的文化，这在当时的历史语境下是很直白的描述或者记录，到了现代科学理念大行其道的今天，当中很多"不够科学"的部分，就被认为是荒诞和迷信了。是"直白"还是"荒诞"，这种差别或许仅仅来自评价体系的变化。

　　熟悉中国文化的人对一个历史现象不会陌生：封建帝王会在领土发生地震的时候下罪己诏。在界定特征、寻找内部物理性质的逻辑关联的思维模式中，"地震＋罪己诏"就是妥妥的封建迷信。科学交给我们的，貌似都是在寻找事物（特征）背后那些看不见的现代道理。中国的先民们不是，先民们认为地震和皇帝失职本就是一个整体，是在整体中相互感应的，也是一起运转和协同的。皇帝失职导致了地震，罪己诏终止了对失职的放任，地震也会随之变化（终止）。在今天科学的整体图式占据主流的时代，这个解释听上去匪夷所思，不过，它却实实在在是中国古代先民意识中的真实。这个话题继续拓展，就来到一个非常"硬核"的十字路口：罪己诏能有效终止地震吗？答案很有趣——真实世界里的地震是终止不了的，却可以有效地终止百姓心里的地震。

多说一句，即使现代科学昌明，依然没有办法可以终止下一次地震。"地震＋罪己诏"真的只是一种令人嗤之以鼻的迷信行为吗？我看未必，对先民来说未必，对未来来说也未必。

罪己诏　　古代帝王公开检讨自己过失的一种形式大于内容的政治手段。一般都是在政权出现重大变故、国土遭受天灾等不明确责任方的情况下，帝王主动领罚，力图平衡或扭转局面。

——作者注

整体图式理解柏拉图的"样式"

在柏拉图的理念世界里，完美的"样式"拥有完美的瑕疵。

说了这么多关于整体图式的内容，有一个重要的类比不得不提。熟悉古希腊哲学的人对柏拉图提出的"理念"（eidos，理想样式）都非常熟悉，简言之，柏拉图所说的理念是完美无瑕的，但是并不存在于我们生活的现实世界里，我们在世界上创造出来的一切都是依照这些理念创作的非完美作品。再具体点比喻，自然界不可能让我们看到任何一个真实存在着的完美的等边三角形，自然界存在的一切，无论是人造的还是天然的，都近似等边三角形而已。我们之所以真切地知道完美的等边三角形是什么样子，仅仅因为它存在于理念的世界里。不止三角形，在理念的世界里，一切都是完美的、标准的、无瑕疵和无意外的。

　　大多数中文文献都把柏拉图这个说法中的核心词汇翻译为"理念"，其实就这个词的本义来看，柏拉图用来代指完美一切的那个字眼应该翻译为"样式"，而自然界的一切都是完美样式具体地、不完美地展现。这里的"样式"在我所描述的整体图式中，可以理解为人们在与近似等边三角形的自然存在互动时，在意识中激活了诸如"相等""稳定""平衡"等整体图式，并一同将之与等边三角形的内容录入成关于"完美等边三角形"的整体图式，这个整体图式将参与未来类似形状的创造过程。

人们通过具身和语言的互动经验，为互动过的事物录入或激活了相应的整体图式。在录入或者激活的过程中，有很多参与"修葺"的整体图式被激活，以至于这些来自真实世界的信息都是被"修葺"后录入为整体图式的。这些"修葺"（其实也是一种激活）之后的结果，当然不同于真实的自然状态，可以看作将自然发生的事物抽离出来的样式录入为整体图式。

这么看来，柏拉图所说的样式的确是和整体图式在含义上最为接近的表述，只是他的样式仅仅指由具体事物提炼出的、关于理性认知的抽象概念。殊不知，除了关于理性认知的一切（大部分是具体信息）以外，有太多的内容和自然存在物一起进入人的意识，比如感受和情绪，我还是用整体图式来指称这些。

柏拉图哲学 听过这些故事吗？"人在最初的时候是四只手、四只脚、两幅面孔的，神惧怕这样的人类，将他们一分为二，从此每个人都在寻找另一半"；"人们被缚住手脚，生活在洞穴里，面前的洞壁上倒映着火光照出的表演，大家都觉得这些影像就是真实世界"。生活在两千五百年前的哲人柏拉图带给我们的这些哲思故事，时至今日依然是流行文化中的流量密码。怀特海诚不我欺，他说，"两千五百年的西方哲学不过是柏拉图哲学的一系列注脚"。

——作者注

整体图式理解现象学

目标让现象坍缩成事实。

整体图式和现象学的关系，是本质上的一种相互渗透。现象学大师们表达的诸如"是人们在开始知觉的那一刹那，事物的样子才瞬间呈现给主观认识"的观点，与不眠不休的整体图式激活同构。当"注意"来临时，一个有方向性的主动激活才得以发生，这是很类似的过程。

　　就好像我们用相机，对着一条繁忙的街道拍了一张瞬时照片，当下所有的"所见"都定格在"所在"之处，这幅无比真实、从未做过一点加工和改动的瞬时事实图景，和我们头脑中意识到的那个拍照瞬间相比，差异是非常巨大的。这个结论有点反直觉，却是真实的，甚至可以说，这二者永远不能完全吻合。

　　我们头脑中的意识是流动的，不会定格的，如果有一种神奇的技术，可以把头脑中的意识瞬间原封不动地拍下来，我们看到的图景也不会如真实的街景一样，而是一个由被激活的整体图式所组成的瞬间的图像杂烩——不是实际有什么，而是意识知觉到了什么的大杂烩。说得具体点，在这个大杂烩里，很可能有一辆汽车的两个车灯和至少三个轮胎（也可能是四个，因为人们看到汽车的时候，被激活的肯定是四个轮胎的整体图式），而这些元素以一种无比和谐的方式堆砌在一起，让你看过去一点都不觉得怪异。是的，那才是意识中元素的存在方式，它就像大卫·霍克尼拼接出的照片《开满梨花的公路》的样子。人们说起霍克尼的拼贴摄影作品，会说那是结合了时间的视觉，在我看来，也许无需时间，毕竟整体图式的激活是瞬时的，或者说是实时的。意识本身就是包含时间的过程，并没有一刻绝对静止的意识，这是意识本来的样子。意识从来都不是像监控探头一样实时地反映客观事实，它有属于自己的变化和规律。

现象学中的"现象"，说到底属于主观范畴，是说意识主体感觉和知觉外部（应该也包含了内部）信息的过程和结果。用简要到略显武断的话来讲，现象学中的现象就是整体图式，而现象学没能阐明整体图式的整体性。

大卫·霍克尼 英国艺术家、国际艺术大师，被称为"最著名的英国在世画家"。他著名的拼贴摄影作品系列，真实地还原了"观看"的过程和结果，那些略显怪诞的图像千真万确是真实本身。他关于此的更多有趣观点，收录在《霍克尼论摄影（增订本）》一书中。

——作者注

整体图式理解哲学、科学与宗教

宗教：是关于相信的一切，而非证据。

宗教作为人类精神生活中的璀璨明珠，是一种非常奇特的现象。在对宗教最为浅表的理解中，有一个绕不开的关键词——相信。所有宗教中关于相信的宣导，都如同索伦·克尔凯郭尔描述的那样，是一个需要"纵身一跃"的过程，因为相信本身是无所依凭的，宗教就是以这种无所依凭的相信为基础的。

　　简单说说我理解的佛教。我和佛教没什么缘分，和其他宗教也一样，没有感受过宗教人士经常表达的那种"被召唤"。在宗教的话题上，我总是觉得我自己属于不够幸运的，没有哪方神明可以早早地救我于人世困顿。我只能靠自己步步艰难地行走在这困顿的大地之上，慢慢地，我也知道了人该做什么，不该做什么，并且愿意去努力坚持该做的和不该做的。这样经过一段比较长的时间以后，原来困顿的感觉会减淡一些，仿佛很多未知的东西不再给我带来不安的扰动，再继续下去，自己看待问题的角度也开始变化，那些曾经的困顿似乎豁然开朗。从此，我的内心大部分时间里都可以体会到平顺和喜乐，与此同时还出现一个改变——我开始关注身边的人，单纯地关心他们的处境。如果我可以帮忙，让他们的处境好一些，我会很努力地帮忙；如果不行就算了，我期待下一次机会，希望大家都能感觉好一些。

走到今天，我还在这样的路上一直走着，和最初的困顿境况相比，最大的差异竟然是我越来越少地关注我自己，越来越多地关注他人，希望能为他人带来支持。至于我的努力奏效与否，跟他人是否好起来相比，并不是那么重要。这一路上，最难的是在困顿里确定什么事该做，什么事不该做，大概也因为我花了太多时间思考这个，后面的那些坚持反倒不那么难了。

后来，一个研习佛法的朋友听了我的来时路，告诉我说这是"戒—定—慧"，是"大具足力"，是"发菩提心"，是从小乘到大乘。我听到这些内容，首先想到的是，语言真是个好东西，词汇真的可以传递很多信息，同时不少内容也使人迷惑。我不知道这些佛教词汇，也不耽误我这一路走来受的苦和得到的喜乐。

回到我有限的佛教知识，我再选择一个话题——三法印，尝试用整体图式来理解。修行这件事，我粗浅地理解，就是在主动地寻求不同的意识状态，主动地激活不同整体图式的过程。站在意识之湖的岸边，凝视整体图式的涟漪荡漾开来，应该可以很直接地理解"诸行无常"和"诸法无我"。荡漾开的一切并无不同，并无始终，"有"与"无"也并没有那么大的不同；至于"我"，更是无迹可寻。如果说意识本身就是"我"，那么仔细看过去，根本找不到定格在那里的"我"。涅槃寂静，我是不太懂的，大胆地猜测，应该是涟漪停止的那一刻吧？如果意识是不眠不休的整体图式，那停止的时刻是什么呢？只能是人们获得了一个"意识终止"的整体图式。于是涅槃无法被描述，一旦开始描述，也就开始荡起无穷无尽的涟漪。涅槃只能是寂静的。

虽然都是奔着要解决人类困于大地之目的去的，但是不同的宗教给出的法门大相径庭。佛教的故事是"戒定慧"，是"三法印"，其他宗教各自有各自的故事，这些故事都激活一套让心灵得到片刻安宁的整体图式，这当中最重要的那个依然是包含着"不容置疑、终于抵达、消除不确定"等特征的整体图式——相信。

科学：是关于怀疑的一切，而非
道理。

相比宗教，正在主宰当下时代的科学，看似大不相同，甚至一定程度上是和宗教对立的，但当我们仔细分辨科学的内涵，就会发现事情不像我们粗略想象的那样。科学最重要的内涵是怀疑一切，这一听就是个典型的整体图式（从这个本质来看，也的确容易和宗教的"相信"对立）。

中文的"科学"是日本人翻译的，字面意思明确，就是分类。万事万物，通过分类，再分类，继续分类……就都搞清楚了，以至于走到粒子层面以后，这个分类越来越困难，"科学"这个名字不知道是不是要改改了。这个分而又分的整体图式，正是特征大行其道的主要因素，看上去是和整体背道而驰的，但是请不要忘了，想要一分再分的思维也是一个重要的整体图式。

针对科学这么大的话题，应该多说一点的，可是说什么比较好呢？当下的时代还处在科学的王朝中，有太多的故事正在发生，现在还不是观察科学的猫头鹰该起飞的时候。

哲学：关于一切。

从哲学的含义来说，整体图式算作一种哲学（或者一种哲学的开端），与其他由存在时间和关注度堆砌起来的哲学相比，年轻的整体图式理论微不足道。从整体图式的含义上说，哲学是一类整体图式，与意识早期形成的那些基础整体图式有更多的关联，是至关重要的一类整体图式。

对当今时代走在哲学之路上的人而言，整体图式是可以被忽略和不足挂齿的。对走在整体图式路上的人来说，应该更多地关注过去的哲学，从那里可以更多地理解过去的人类和一以贯之的人性。

整体图式理解存在

存在就是时间与空间。

说了这么多关于整体的故事，如涟漪般荡漾开的内容层出不穷，不眠不休……在看似相近的美丽水花之中，有两个很特别，它们是时间和空间。

　　整体图式之间连续的激活过程，让尚在胎儿时期的意识主体第一次体验了时间的内涵。时间是整体图式连续出现的顺序感。时间当然是非均匀的，虽然意识中整体图式的激活过程是一旦开始就生生不息的，并且这种顺序感的直观感受是一维的，不断展开的，正如一般情况下意识对时间的感受一样。

　　对时间长短的知觉，在我看来意味着这个顺序感中包含的整体图式的数量。密集地激活大量整体图式的过程，就是"时光飞逝"的原初体验，也再一次揭示了"时间是非均匀的"这个真实的主观感受。至于一切试图超越时间一维性的想象，都是虚幻的，因为这种想象过程本身作为一个被激活的整体图式，只能是一维的。想象虽然虚幻，但我觉得说不定颠覆时间一维性的实践可能成为一种被体验到的真实。

　　从整体图式的视角出发，如果可以理解时间，空间也就相对

容易理解了。空间是意识主体身体移动产生的原初整体图式。依照时间的定义方式，空间是整体图式中关于身体的顺序感。可以说，没有身体的参与，就没有意识对空间的整体图式的录入。至于作为原初整体图式的空间如何参与后续的加工，大家可以自行想象，让涟漪荡漾起来。

时间和空间，是意识非常独特的经验，在我看来是区别"意识"和"非意识"的关键。整体图式开始荡起涟漪，意识就有了时间的体验，空间会稍晚些，需要身体开始参与活动才会有。很多脑洞大开的科幻想象，会去演绎超维的时间和空间，好像时间和空间是个实体，可以随意地处置。我不这么认为。时间和空间是一种顺序感，就好像一副扑克牌洗牌的瞬间，和每张牌都有关系，但是每张牌都不重要；洗牌的效果和目的的确是调换牌的位置，但是一张张扑克牌连续移动的过程才叫洗牌。

整体图式理解生命的意义

广泛体验美。

无论激活何种整体图式，当我们经历了漫长一生，都再也无法回归真正的赤子之心。那些最初关于"好的"感受，在成人以后的复杂世界里，我找到另外一个短语来代替——体验美。由整体图式串联起的生命，其意义如赤子当初追求的一样简单——获得好的感受，也就是体验美。去分辨、寻找和激活能让身处复杂世界的我们体验到美的整体图式，是非常不易的，它超越了简单的感官刺激、丰富的意义、古往今来的理性洞见以及激情澎湃的瞬间体验……我们就在这样的追逐中耗尽一生，古圣先贤也感慨过：美事艰难。

　　在本书成文的最初，我曾经很努力地想要找到一个结构，用来铺陈我对整体图式的描绘，让它更清楚地被读者理解。我当然知道，我想要寻找的结构不过是一种让我感觉到美的整体图式而已，哪个结构也不比其他的更完整或者更科学——就像"完整"和"科学"也仅仅是一个或者一套整体图式。那让我感觉到美的整体图式到底是什么呢？久久都没有一个明确的答案。因为整体图式本来就是不眠不休、无论主次的激活和加工过程，好比美丽湖面上一圈接着一圈荡开的涟漪——美丽、完整、不可分割、无法中止、难以撼动、容易破碎……所以，最终我选择了这个近似铺陈的方式，也是最让我感觉到和谐之美的简单方式，就有了这本小书的行文。

这些文字在读者心中究竟会激活什么样的整体图式？我只能用我的全部身心整体祝愿：尽量与美有关。

后　记

我要开始做的事。

我想要做的事，是为整体图式创立一个门派。在我的想象中，它包含着我目前知道的一切关于门派的理解，从时空观、宇宙观开始，到实证方法论及其局部的解释结论。关于整体图式的整体的一切，都在我的设想之中。我为什么要创立这个门派？每当我问自己这个问题的时候，我宁愿这样说：不是我创立了什么新的东西和视角，而是时代正在呼唤它，我此时此刻的想法就是一种时代的呼唤，我是时代的组成部分；我身上发生的一切以及我努力做到的一切，都是这个时代以及后续时代的自我表达。

　　我阐述整体图式理论，坦白地讲，也是为了一种审美——在我的语境下，属于一种"消遣"。我很高兴我的感受不断地在支持这一理论的核心：人生的意义在于广泛地体验美。我不觉得阐述一个新理论的重要性会超出它为我带来的审美作用，就如同我用汝瓷杯子喝茶或者进行一次山系露营一样的审美体验，它们并没有差异。所以人生应该不断地去寻找这样的事，而阐述一个理论刚好是其中一件。

　　再具体一点，我为整体图式创立的门派，我希望它能包含什么呢？首先是一本创始著作，然后是一个不断丰富和生长的学说体系，接着是一套属于它的方法论，再来是一系列展现它特质的社会产品，比如一个媒体或者一个品牌……至于一所学校，则是必需的，一种音乐或者一种风格的电影也不错，一类装修风格也可以，想到这里，我想我想要的是一个时代。还好现在已经允许将大时代分解成为许许多多个小时代。

　　时间差不多到了，密涅瓦的大毛鸟，准备起飞！

主要参考文献

Bernard J. Baars，Nicole M. Gage. 认知、脑与意识：认知神经科学导论（原著第二版）[M].北京：科学出版社，2012.

Susan Blackmore，Emily T. Troscianko. 人的意识（原著第 3 版）[M]. 张昶，译. 北京：中国轻工业出版社，2021.

保罗·瓦兹拉维克，珍妮特·比温·贝勒斯，唐·杰克逊. 人类沟通的语用学：一项关于互动模式、病理学与悖论的研究 [M]. 王继堃，周薇，王皓洁，李剑诗，译. 上海：华东师范大学出版社，2023.

陈嘉映. 感知·理知·自我认知 [M].北京：北京日报出版社，2022.

陈嘉映. 哲学·科学·常识 [M].北京：中信出版社，2018.

陈嘉映. 走出唯一真理观 [M].上海：上海文艺出版社，2020.

大卫·霍克尼，保罗·乔伊斯. 霍克尼论摄影（增订本）[M].北京：北京日报出版社，2021.

丹尼尔·丹尼特. 意识的解释 [M].苏德超，李涤非，陈虎平，译. 北京：中信出版集团，2022.

杜朴，文以诚. 中国艺术与文化 [M].张欣，译. 长沙：湖南美术出版社，2014.

弗朗西斯·福山. 身份政治：对尊严与认同的渴求 [M].刘芳，译. 北京：中译出版社，2021.

海因里希·盖瑟尔伯格. 我们时代的精神状况 [M].孙柏，等，译. 上海：上海人民出版社，2018.

侯世达，丹尼尔·丹尼特．我是谁，或什么：一部心与自我的辩证奇想集［M］．舒文，马健，译．上海：上海三联书店，2020．

老子．道德经［M］．张景，张松辉，译注．北京：中华书局，2021．

李霖灿．中国美术史［M］．北京：中信出版社，2018．

路德维希·维特根斯坦．逻辑哲学论［M］．韩林合，编译．北京：商务印书馆，2013．

马克·斯特兰德．寂静的深度：霍珀画谈［M］．光哲，译．北京：民主与建设出版社，2017．

莫里斯·梅洛-庞蒂．知觉的世界：论哲学、文学与艺术［M］．王士盛，周子悦，译．南京：江苏人民出版社，2019．

邱才桢．书写的形态：中国书法史的经典瞬间［M］．北京：北京大学出版社，2019．

邵燕君．破壁书：网络文化关键词［M］．北京：生活·读书·新知三联书店、生活书店出版有限公司，2018．

史蒂芬·平克．当下的启蒙：为理性、科学、人文主义和进步辩护［M］．侯新智，欧阳明亮，魏薇，译．杭州：浙江人民出版社，2018．

史蒂芬·平克．心智探奇［M］．郝耀伟，译．杭州：浙江人民出版社，2016．

斯坦尼斯拉斯·迪昂．脑与意识［M］．章熠，译．杭州：浙江教育出版社，2018．

苏珊·布莱克莫尔．对话意识：学界翘楚对脑、自由意志以及人性的思考［M］．李恒威，徐怡，译．杭州：浙江大学出版社，2016．

苏珊·布莱克莫尔．意识新探［M］．薛贵，译．北京：外语教学与研究出版社，2007．

王维嘉．暗知识：机器认知如何颠覆商业和社会［M］．北京：中信出版社，2019.

吴熊和，肖瑞峰，沈松勤．宋词精品：附历代词精品［M］.长春：时代文
　　艺出版社，2018.

信睿周报［J］.中信出版集团，第1—103期.

徐冰．徐冰：思想与方法［M］.长沙：湖南美术出版社，2021.

伊曼纽尔·列维纳斯．另外于是，或在超过是其所是之处［M］.伍晓明，
　　译.北京：北京大学出版社，2019.

印会河．中医基础理论［M］.上海：上海科学技术出版社，1984.

约翰·波尔金霍恩．量子理论［M］.张用友，何玉红，译.南京：译林出
　　版社，2015.

约翰·伯格．观看之道［M］.戴行钺，译.南宁：广西师范大学出版社，
　　2015.

赵汀阳，阿兰·乐比雄．一神论的影子：哲学家与人类学家的通信［M］.
　　王惠民，译.北京：中信出版社，2019.

宗萨蒋扬钦哲仁波切．正见：佛陀的证悟［M］.姚仁喜，译.北京：中国
　　友谊出版公司，2007.

美学版图 介绍掌纹的来历
封面故事 解读巧思设计

专业版图 哲学学者寄语
陈嘉映推荐 欢迎加入思考旅程

扫码亲手解锁

意识的世界

思想版图 本书作者董思飞
走近作者 带你尽情放飞思想

社交版图 关注"整体学园"
读者互动 寻找发放心灵之温

董思飞

自由学人
深度思考狂热分子
人工智能与身心健康领域连续创业者
坚信没写过哲学专著的创业者不是好
的产品经理

联系邮箱：DONGSIFEI@126.COM

搜索公众号"整体学园"，了解更多内容

图书在版编目（CIP）数据

整体图式：人类意识遥远的相似性 / 董思飞著. —
上海：上海教育出版社，2023.11
ISBN 978-7-5720-2344-6

Ⅰ.①整… Ⅱ.①董… Ⅲ.①心理学－文集 Ⅳ.①
B84-53

中国国家版本馆CIP数据核字(2023)第227806号

责任编辑　金亚静
整体设计　闻人印画
插画绘制　青楚兰　杨　念

整体图式——人类意识遥远的相似性
董思飞　著

出版发行　上海教育出版社有限公司
官　　网　www.seph.com.cn
地　　址　上海市闵行区号景路159弄C座
邮　　编　201101
印　　刷　上海盛通时代印刷有限公司
开　　本　890×1240　1/32　印张7　插页4
字　　数　132千字
版　　次　2023年11月第1版
印　　次　2023年11月第1次印刷
书　　号　ISBN 978-7-5720-2344-6/B·0053
定　　价　59.00 元